新潮文庫

# 数学する身体

森田真生著

新潮社版

10914

# はじめに

人はみな、とうの昔に始まってしまった世界に、ある日突然生まれ落ちる。自分が果たして「はじまり」からどれほど離れた場所にいるのか、それを推し量ることすらできない。

そんな人間が、1から数を数える。原点から距離を測る。仮定から推論をする。ひとたび起点を決めたなら、そこから確実に歩を進めていくのが数学である。

はじまりの知れない世界に抱かれた身体が、さしあたりどこかを始点として歩む。頼りなく、あてのない世界の中で生まれて亡びる身体が、正確に、間違いのない推論を重ねて、数学世界を構築していく。

身体が数学をする。この何気ない一事の中に、私はとてつもない可能性に満ちた矛盾をみる。

起源にまで遡ってみれば、数学は端から身体を超えていこうとする行為であった。

数えることも測ることも、計算することも論証することも、すべては生身の身体にはない正確で、確実な知を求める欲求の産物である。曖昧で頼りない身体を乗り越える意志のないところに、数学はない。

一方で、数学はただ単に身体と対立するのでもない。数学は身体の能力を補完し、延長する営みであり、それゆえ、身体のないところに数学はない。古代においてはもちろん、現代に至ってもなお、数学はいつでも「数学する身体」とともにある。本書ではこのことを、なるべく丁寧に描き出していくつもりである。

これは、数学に再び、身体の息吹を取り戻そうとする試みである。全編を読み通すために、数学的な予備知識は必要ない。数学とは何か、数学にとって身体とは何かを、ゼロから考え直していく旅である。道中、数学について、あるいは数学をする人間について、新しい発見や気づきを得る喜びを、一つでも多く分かち合うことができればと思っている。

# 数学する身体　目次

## 第三章　風景の始原

# 数学する身体

# 第一章　数学する身体

我々はあまりに数学の存在に慣れ過ぎていないであろうか。
そのために我々はややもすれば数学そのものの成立と
それの意義を閑却していないであろうか。[1]

——下村寅太郎

数字が、子どもの頃から好きだった。

子どもの遊び場には、立ち入り禁止がたくさんある。海もブイの先まで泳げないし、公園も柵（さく）を越えられない。「この先は行き止まり」が決められた中で遊ぶのは、いつもどこか窮屈だった。

その点、数字は広い。どこまでもどこまでも続いていて、行き止まりも、立ち入り禁止もない。誰も行ったことのないところまで、好きなだけ進んで行ける自由があった。それでいて、ただ漠と広いというのではなく、ひとつひとつの数がはっきりしている。

赤い絵の具と青い絵の具を混ぜると、毎回違った紫になるし、晴れの日の朝のオレンジジュースは、毎回少しずつ甘さが違うのに、7に8を足すといつも15で、15は14や16のすぐそばなのに、やっぱり7足す8はちゃんと15で、そんな数字の明快で緻密（ちみつ）

な自由が、好きだった。

人が数を数えるようになったのは、いつ頃のことなのだろうか？

「ここに二つのものがあります」

誰かが、そう言ったとしよう。このとき、どこに、いったいどのようなものがあるのかはわからないけれど、そこに差異があること、少なくともその言葉を発した人が、そこにひとつの差異を見出していることがわかる。

生まれたばかりの赤ん坊は、母と宇宙と文字通り一体で、その世界に〝差異〟はない。赤ちゃんにとっては母もまた自分自身であり、母乳も内から来るものとして認知されるという。一切の差異が生まれる以前の、端的な存在の充満の中を、赤ちゃんは全身で動きまわり、手や口で探索する。そこに触れる母の乳房の感触や、自分自身の皮膚の手触りを経験しているうちに、あるときふと、母が「私」ではない、ということに気付く。存在の海に差異の亀裂が走り、「私」と「世界」とが立ち上がる。

数学では、まず1があり、それに2が続くけれど、人間の一生のはじまりにおいては、2と1とが同時に到来する。

人はやがて世界に向かって、言葉を発するようになる。昼と夜が区別され、嬉しいと悲しいが分離され、ここことあそこが呼び分けられるようになる。

言葉はまた言葉を生み、差異がまた新たな差異を生む。こうして、世界の分節化は、留まるところを知らずに進む。

あるとき人は、数を数えはじめるようになった。

1、2、3、4、5、6、7、……

数は、無限の差異に、名前を与える。

## 人工物としての〝数〟

身体が経験する世界は、連続的で曖昧だ。皮膚が感じる温かさと冷たさ、耳が聞き取る音の高低や強弱、全身で感じる喜びや悲しみ……どれをとってもそうである。この瞬間からは冷たいとか、いま喜びから悲しみに変わったとか、そういうはっきりとした境界があるわけではなく、弱い方から強い方へ、あるいは小さいものから大きいものへと、世界は徐々に、なめらかに移り変わる。

一見離散的に思える「個数」の認識とて、その例外ではない。1億3000万の人がいると言ったり、111本のマッチ棒があると言ったりするのは、私たちが数を用いることができるからであって、数を媒介しない数量の経験は、もっとずっと漠然としている。111本のマッチ棒も、120本のマッチ棒も、見た目にはおおよそ同じで、どちらも50本のマッチ棒に比べれば多くて、200本よりは少ないという、せいぜいそのくらいの認識ができる程度である。私たちが、個数の差異を厳密に把握できるのは、数の助けを借りているからであって、生来人間にその能力が備わっているわけではない。

〝数〟は、人間の認知能力を補完し、延長するために生み出された道具である（以下、数の道具としての側面を強調するときには「〝数〟」と書くことにする）。「自然数（natural number）」という言葉があるが、それは決してあらかじめどこかに「自然に」存在しているわけではない。「自然」と呼ばれるのは、もはや道具であることを意識させないほどに、それが高度に身体化されているからである。

〝数〟で武装していない人間は、いくつまでならば個数の差異を正確に把握できるのか。

試しに次の絵を見てほしい（図1：ジョルジュ・イフラー著『数字の歴史』の図を参考に作成した）。この中で、パッと見ただけで個数がわかるものが、どれくらいあるだろうか。一匹の犬、二羽の鳥、三個のピラミッドなどは、何の苦もなくわかるだろう。四本の木も、それほど難しくないかもしれない。しかし、個数が増えるにしたが

図 1

って、少しずつ怪しくなってくる。ひと目見るだけでは判断がつかなくなって、実際に数えてみないことには、自信が持てなくなってくる。

人間は少数の物については、その個数を瞬時に把握する能力を持っている。赤いものが赤いということがわかるのと同じように、二個のものは二個だとただちにわかる。心理学の世界で「スービタイゼイション（subitization）」と呼ばれるこの能力の背景にあるメカニズムはいまだ完全には解明されていないが、近年の認知神経科学の研究によると、三個以下の物の個数を把握するときには、それ以上の個数を把握するときとは違う、固有のメカニズムが働いているらしい[2]。

人間は何らかの方法で、三個以下の物については、数えなくてもその個数を、正確に認識できるのだ。ところが、四個あたりを境にして、この能力は消えていく。見ただけで個数を把握することは難しくなり、数える必要が出てくるのである。

そんな認知的な限界を補うために、人は様々な工夫を重ねてきた。たとえば、身体を使う方法がある。

羊の群れがいる。見ただけでは何匹か分からないので、羊が一匹通るごとに、指を一本ずつ折り曲げていく。そうして、身体の助けを借りて、羊の数を捉（とら）える。

残念ながら、指は両手で十本しかない。足の指を使ったとしても二十本だ。そこで、なんとか工夫をして、限られた身体で、少しでも多くの数を捉えようとする。

例えばオーストラリアのヨーク岬とパプアニューギニアの間にあるトレス海峡諸島の原住民は、両手だけでなく、肘や肩、胸や足首、膝、腰など、全身を使って33まで数える方法を持っている（図2：*The Universal History of Numbers*, Georges Ifrah を参考に翻訳、作成した）。中世ヨーロッパにおいては、両手の指を使って9999まで数える方法があった（図3）。しかし、身体の部位には限りがあるから、いずれにしても限界がある。

身体を使う代わりに、木や骨に刻みを入れて、数を数えたり、記録したりする方法もある。紀元前二万年前後のものとされるイシャンゴ遺跡（コンゴ民主共和国）からは、規則正しく切り傷をつけられた骨片が見つかっている。[3] 物の力を借りて数を数えようとした、遠い祖先の痕跡である。

紀元前三三〇〇年頃になると、シュメール人の手によって、世界で最初の文字が発明される。最古の粘土板には、シュメールの絵文字とともに、数を表すための記号がある。初期の文字はやがて、表意文字や表音文字に変わっていくが、数を表す記号は、そのための専用の記号として残った。こうして「数字」が誕生したのだ。[4]

数字のデザインは文明ごとに多様だが、木や骨に傷をつけたり、粘土の塊を並べた

図２：トレス海峡諸島の原住民の身体を使った数え方

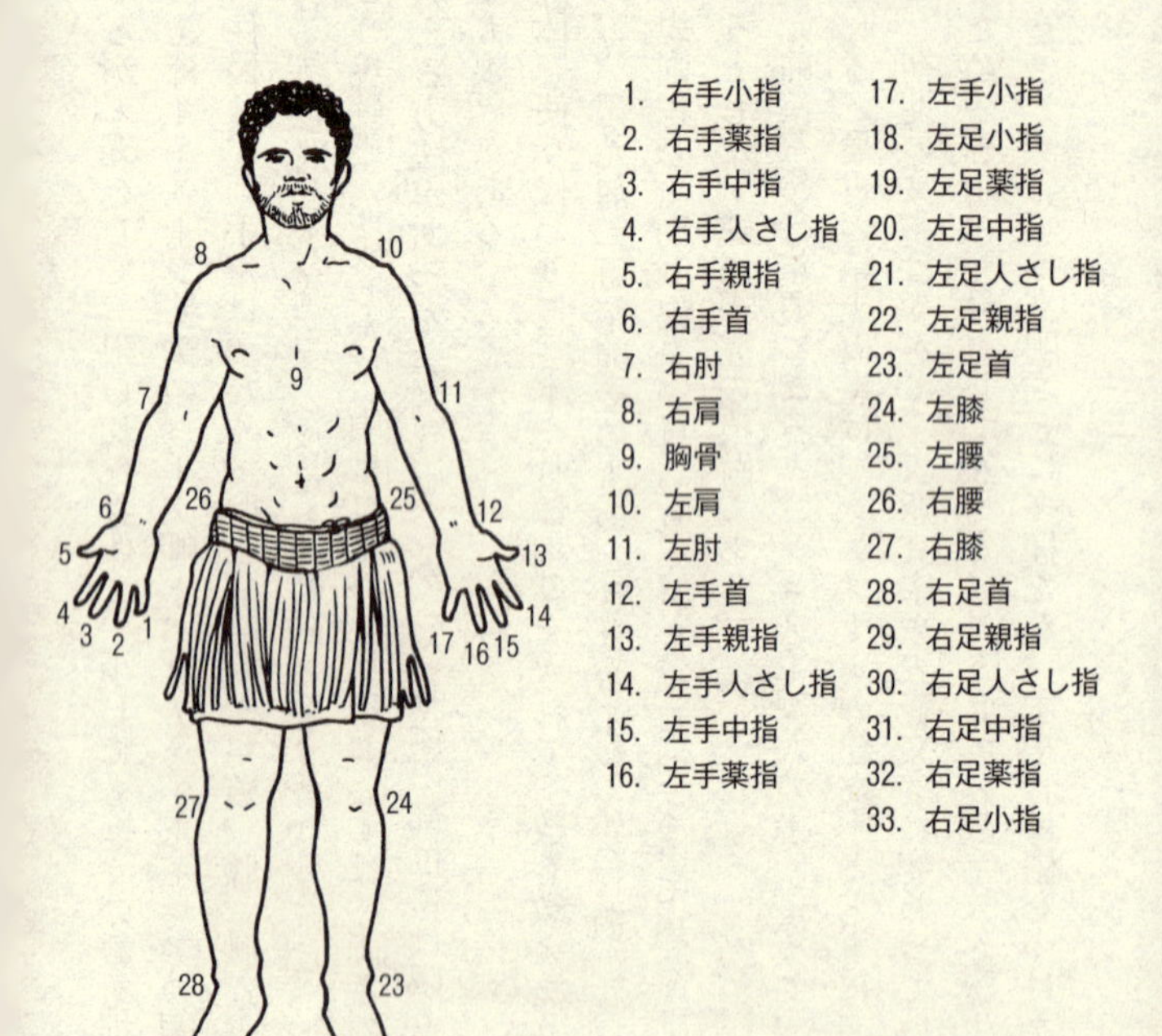

図３：『計算の書』（レオナルド・ピサノ著）写本の指で数える絵

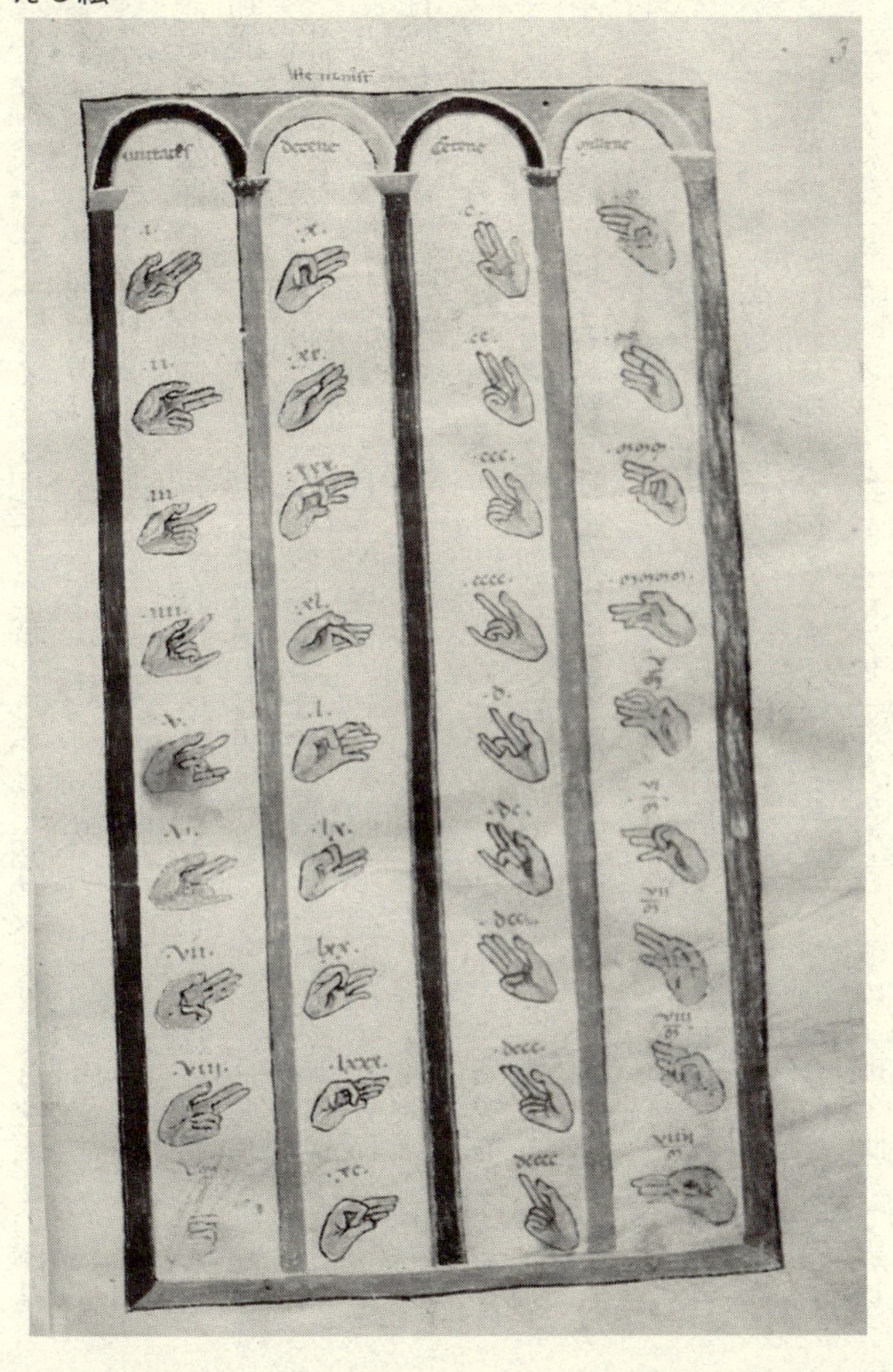

りしていた延長線上で、1を表す記号を二個あるいは三個並べて2や3を表すのが基本である（図4：諸文明における数字表記。古代インド文字、手書きアラビア文字の表記についてはジョルジュ・イフラー『数字の歴史』を参照）。それならば、4や5も、同じ記号を四個並べたり五個並べたりすればよいかというと、そうはいかない。人間の認知能力の限界のために、同じ記号が四個や五個並んでいることを、正確に把握すること自体が一苦労だからである。そのままでは、道具としての使い勝手が悪い。

そこで多くの文明は、4もしくは5を境に、独自の記号を編み出すことにした。たとえば漢数字の場合には、一、二、三の次が「四」になる。ローマ数字もⅠ、Ⅱ、Ⅲの次が「Ⅳ」になる。アラビア数字も、もともとインドから伝わった記数法で、2、3までは、漢数字の「二」や「三」に似た形を草書体で書いたものなのが、「4」からはやはり新しい形になる。数字は古今東西、人間の認知限界に合わせるように工夫を凝らして設計されてきたのだ。

かくして身体の各部位や小石などの物、さらには外部メディアに記録された記号等を用いることで、離散的数量を把握する人間の能力は、少しずつ拡張されていく。

数量の把握だけではない。身体や物をうまく使うと数量を、目的に合わせて操作すること（すなわち「計算」すること）もできる。誰もが小さい頃に、指を使って足し

図４：諸文明における数字表記

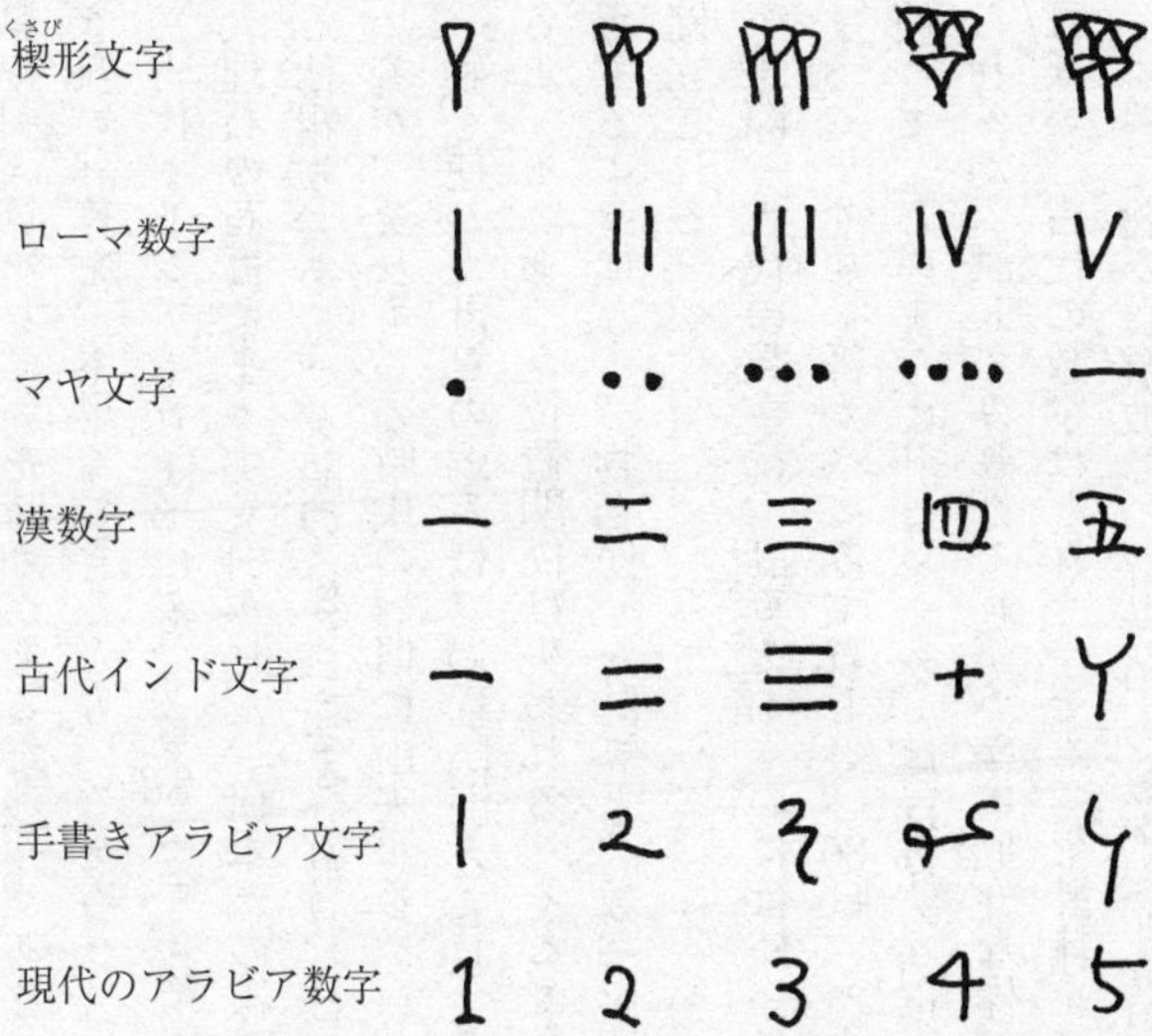

| | | | | | |
|---|---|---|---|---|---|
| 楔(くさび)形文字 | | | | | |
| ローマ数字 | I | II | III | IV | V |
| マヤ文字 | • | •• | ••• | •••• | — |
| 漢数字 | 一 | 二 | 三 | 四 | 五 |
| 古代インド文字 | | | | | |
| 手書きアラビア文字 | | | | | |
| 現代のアラビア数字 | 1 | 2 | 3 | 4 | 5 |

算や引き算をしていた時期があるだろう。あるいはソロバンを使って、指だけではできない計算を、素早くできる人もいるだろう。

古代ギリシアやローマにも、「算盤（abacus）」と呼ばれる計算用の道具があった。大理石の石板にまっすぐ引かれた、何本かの線の上やあいだに小石を置いて計算をする仕組みである。英語の calculation（計算）はラテン語の calculus（小石）からきているが、それもこの時代の習慣に由来する。

物を使った計算の弱みは、過程が消えてしまうことである。石をひとたび並べ替えると、もとあった位置関係は失われる。そこで数字を使って、計算の過程や結果を記録するようになる。物を使った計算と、数字を使った記録という、道具の役割分担が確立される。

実際、古代の数字は、計算そのものには使いにくい。たとえば、ローマ数字で計算することを思い浮かべてみてほしい。36は「XXXVI」、73は「LXXIII」、この表記を使って、どのように計算をすると掛け算の結果「MMDCXXVIII（２６２８）」が得られるか。試してみればそれがいかに厄介な作業かわかるだろう。ローマ数字だけではない。古代の数字はどれも、そもそも計算をするためには設計されていないのだ。

計算を物から解放し、「計算用の数字（＝算用数字）」を発明したのは、インド人である。七世紀のインドでは、いまや世界中に定着している「インド - アラビア式」の0記号を含む位取り記数法が、早くも導入されていたと言われている。[5] それは決して自然の産物ではなく、気の遠くなるような試行錯誤の歴史を通して、徐々に形作られてきた人工物なのである。

## 道具の生態系

包丁を使うためには、まな板や砥石(といし)も必要である。ある道具を使っていると、その道具を使いやすくするために、また新たな道具が生み出される。そうして、相互に依存しあう道具のネットワーク、いわば「道具の生態系」ができあがっていく。

数字の場合も同様である。道具としての数字が次第に洗練され、使いやすくなってくると、それをますます使いやすくするために、新たな道具や技術が開発される。

その最も分かりやすい例が、小学校で教わる筆算だろう。いまでこそ、初等教育を受けた人のほとんどが苦もなく二桁(けた)の掛け算ができてしまう時代だが、これは筆算が定着する以前には、考えられないことだった。二桁の掛け算など、あまりにも高度で、よほど訓練を積んだ人でなければできなかった。

現代の私たちが難なくそれをできてしまうのは、私たちが特別優秀になったからではなく、筆算の一連の手続きが、非常に巧みに設計されているからである。たとえば「36×73」を計算するところを思い浮かべてほしい。二桁どうしの掛け算だが、筆算の手順が分かっていれば、その過程で必要になるのは、一桁どうしの掛け算と足し算だけだ。一桁どうしの掛け算でさえ煩わしいので、日本人は九九を暗記してしまう。そうなると使うのは言語野で、あとはちょっとした足し算だけで済む。この筆算の手続きのような、具体的な問題を解くための系統立った手続きのことを「アルゴリズム」と呼ぶ。筆算のアルゴリズムと人間の脳との見事な連携の結果として、いまでは誰もが簡単に二桁以上の計算ができるのだ。

このアルゴリズムそのものも、インド‐アラビア数字があるからこそうまくいく。先にも述べたとおり、ローマ数字で筆算をしようとすると厄介である。数字の洗練がなければ、いま私たちが知っている筆算のアルゴリズムが生まれることもなかっただろう。

数字という道具のまわりに、新たな道具や技術が生まれ、それが洗練されて、また別の道具や技術がつくられる。やがて数学的道具と技術が互いに支え合う豊かな生態系が形作られていく。

## 形や大きさ

ところで、〝数〟あるいはそれを表現する数字を用いることだけが数量について正確に思考するための方法ではない。離散的な量（＝個数）を把握するのには〝数〟や数字は便利な道具だが、長さや面積や体積など、連続的な量や大きさを把握するには、また違った方法が必要である。

〝数〟の学習に先立って私たちが離散的な量を見積もる能力を持っているのと同様に、図形の学習に先立って、私たちは直線や曲線、長さや広がりなど、様々な「形」や「大きさ」を把握する能力を持っている。とはいえ、大きさの認識はごく大雑把で、形もちょっとした錯覚で見誤ることがある。

だからこそいくつかの単純な「形」について、その長さや内部の面積、体積などを実用上十分な精度で知るための測量や計算の手続き、与えられた長さを元に別の長さを作図するための方法、あるいは「三平方の定理」[6]に代表されるような、図形についての実用的な知識などが必要となり、少しずつ集積されていく。

〝数〟が「個数」を把握する人間の能力を補完し延長するのと同様に、図形は「形」や「大きさ」についての直観を拡張するための重要な道具だ。「自然数」が実は人工物であるのと同じように、直線や円などの図形もまた人間の生み出したものである。実際、自然界に本当の意味での正確な円や直線は見出せない。ところが、人工物としての図形を巧みに操作すると、形や大きさについて精度の高い計算や推論を行うことができるのだ。

## よく見る

土地の測量の問題、暦の問題、財産の分配の問題など、古代において数学は、まず何よりも日常の具体的な問題を解決するための手段であった。実際、バビロニアやエジプト、中国やインドなど、古代文明において栄えた数学はみな、政治や宗教と深く結びつきながら、実用的で実践的な営為として奨励された。様々な具体的問題に対して、それを解決するための計算手続き（アルゴリズム）を開発することが、数学という営みの中心だった。

ところが紀元前五世紀頃のギリシアを舞台に、それまでとは異質な数学文化が花開く。計算によって問題を解決することよりも、「証明」によって結果の正当性を保証するプロセスに重きを置く姿勢が生まれたのだ。ギリシアの数学者たちは、「いかに」

答えを導き出すかという技術以上に、「なぜ」その答えが正しいかという理論に拘った。とりわけ象徴的なのが、ユークリッドの『原論』である。

『原論』とはそもそも古代ギリシアにおける数学の基本命題集のことで、ユークリッド以前にも複数の編者がいた。が、いまに伝わるのはユークリッドの『原論』だけで、全十三巻、五百近くの命題を含む大部の著作だ[7]。初めの六巻は初等的な平面幾何にかかわる内容を扱っていて[8]、以下、整数論（七―九巻）、非共測量の分類論（十巻）、立体幾何（十一―十三巻）と続く。

この本に関しては、内容よりもその形式に注目する必要がある。聖書に次いで版を重ねた世界的ベストセラーとも言われているが、そこには読者に阿るキャッチーな言葉も、甘美な文学的表現もない。それどころか、著者の意図も展望も、動機すらも説明されない。唐突な「定義」の羅列の後に、ただひたすら証明を伴う命題の連鎖があるだけだ。

一見無味乾燥で退屈なようだが、この「定義、公理、命題の連鎖」という特異な記述のスタイルこそが、後の世界に多大な影響を与え、西欧世界を中心に、長らく論理的思考の規範とみなされることになる。いまでも数学の教科書には、定義や公理や命題が並び、命題には証明が添えられているが、こうした記述の形式の起源を、『原論』

に見出すことができるのだ。

いまでこそ数学には証明がつきものであるが、直観的に明らかと思えることにまでいちいち厳密な論拠を与えようとする発想は、よく考えてみると普通ではない(近世に『原論』が漢訳によって日本に入ってきたときには、当たり前のことを延々と説明しているため「レベルが低い」と捉えられたそうである[9])。実際、ギリシア数学の流れを汲む数学の他に、このように徹底して証明を重視する「論証数学」の伝統は生まれていない[10]。

実践的な有効性よりも理論的な整合性を重視する視点は、数学の外よりも、数学の内へと向かう傾向がある。数や図形も、単なる道具である以上に、それ自身が理論的な研究の対象となる。

数を道具と見るか、それ自体を研究の対象と見るかで、見え方も変わってくる。数学科に入りたての頃、飲み会に参加して居酒屋の下駄箱が素数番から埋まっていくのに驚いたことがある。素数というのは、1と自分以外では割り切れない数のことで、理論的にはかなり特別な数だ。

たとえば、6という数は2と3を掛け合わせて作れるので、素数ではない。素数でない数は、いつでも素数をいくつか掛け合わせることで作ることができる。ところが素数そのものは、他の数からは決して作れない。

なぜか数学をしていると、そんな素数に、特別な愛着が湧いてくる。数学好きが集まると、下駄箱も自然と、素数番から埋まっていくことになるのである。

実用上は17と18とで、どちらが優れているということもないだろう。ところが、理論上はやっぱり17の方が「特別」だ。この素数とそうでない数の間に著しい差異を感じる感性は、数を道具として使う上では無用かもしれない。だが、道具としての〝数〟も、それを繰り返し用いているうちに、自然と「親しみ」の情が湧いてくる。そうして、当初は「使う」ためのものだった〝数〟が「味わう」べきものになる。

かつて狩りや調理など実用のためだった道具たちが「みて、感じる」対象になったとき美術の歴史が始まったのだとすれば[11]、数字や図形がそれ自身「みて、感じる」対象になってこそ、数学もいよいよ文化となったと言えるのかもしれない。

『原論』の中には、素数が無数に存在することの証明が記されている。どんなに大きな素数を選んでも、それよりさらに大きな素数が存在する、というのである。

素数が無数に存在するかどうかは、実用的な問いではない。しかし、数の世界をよりよく「みて、感じ」ようとすれば、素数がどれだけたくさんあって、どのように分布しているかは、どうしても気になる問題である。その解明には「証明」がいる。さしあたり実践を考える上では役に立たないかもしれないが、数学をよく「みて、感じ」るためには、論理の力が必要なのだ。

　論理に支えられた証明の重視は古代ギリシア数学の大きな特徴である。一方で彼らは、実践的な計算の方にはあまり深い関心を持たなかったようである。驚くべきことに『原論』には、ときどき現れる小さな自然数を除くと具体的な数が、したがってそうした数を使った計算が、出てこない。[12] その代わり徹頭徹尾論理で編まれた、淡々とした証明の連鎖があるだけである。

　数学を使って何かに役立てようという意志は背景に退いて、目を凝らして「数」や「図形」の織りなす世界を「よく見よう」とする静かな情熱が、ギリシア数学を貫いている。そういえば「定理（theorem）」という言葉も、もともとは「よく見る」という意味のギリシア語「θεωρεῖν（theorein）」から来ているのである。

## 手許（てもと）にあるものを摑（つか）みとる

　mathematics という言葉は、ギリシア語の μαθήματα（マテーマタ）（学ばれるべきもの）に由来する。それは本来、私たちが普通「数学」と呼んでいるものよりも、はるかに広い範囲を指す言葉であった。これを、数論、幾何学、天文学、音楽の「四科」からなる特定の学科を示す言葉として用いたのは、古代ギリシアのピタゴラス学派の人々だと言われている。

ハイデッガーは、そんなμαθήματαという言葉について、『近代科学、形而上学、数学』（一九六二）と題された論考[13]の中で、興味深い議論を展開している。

μαθήματαが「学ばれるべきもの」という意味だというのはよいとして、そもそも「学ぶ」とはどういうことか。

学びとは、はじめから自分の手許にあるものを摑みとることである、とハイデッガーは言う。同様に、教えることもまた、単に何かを誰かに与えることではない。教えることは、相手がはじめから持っているものを、自分自身で摑みとるように導くことだ。そう彼は論じるのである。

ややわかりにくいかもしれないが、ハイデッガーの言うことを、私はこんなふうに理解している。すなわち、人は何かを知ろうとするとき、必ず知ろうとすることに先立って、すでに何かを知ってしまっている。一切の知識も、なんらの思い込みもなしに、人は世界と向き合うことはできない。そこで、何かを知ろうとするときに、まず「自分はすでに何を知ってしまっているだろうか」と自問すること。知らなかったことを知ろうとするのではなくて、はじめから知ってしまっていることについて知ろうとすること。それが、ハイデッガーの言う意味での mathematical な姿勢なのではないだろうか。

μαθήματα という語のこのような理解には、多分にハイデッガー自身の哲学が投影されているのだとしても、依然として示唆に富んだ解釈である。mathematics の正式な訳語として「数学」が採用されるのは明治のことだが、原語の背景には、単に「数の学問」という以上の意味の広がりがあったのだ。

仮に μαθήματα という言葉に「はじめから知っていることについて知ろうとする」という意味が潜在しているのだとすれば、数量や形についての学問が、mathematics と呼ばれるのも頷ける。なぜなら、この世の事物に数量や大きさがあることは、誰もが学ばずとも「はじめから知っている」ことだからである。にもかかわらず、あらためてその数量や大きさとは何だろうかと考えるのが数学である。

特に、古代ギリシアの数学者にとっては、数量や形は、それ自体が研究されるべき対象である。彼らは、思考の手段として数や図形を用いるだけでなく、思考の手段として用いられる数や図形について、思考するようになった。ここに至って数学は、ハイデッガーの言う意味でまさしく mathematical な営みになったと言えるだろう。

## 脳から漏れ出す

少し遠回りのようだが、ここで一度数学の文脈を離れて、「人工進化」と呼ばれる分野の研究を紹介したい。人工進化というのは、自然界の進化の仕組みに着想を得たアルゴリズムで、人工的に、多くの場合はコンピュータの中の仮想的な個体を進化させる方法のことである。

何かしらの最適化問題を解く必要があったとしよう。普通であれば、人間が知恵を絞って、計算や試行錯誤を繰り返しながら解を探すところだが、人工進化の発想はそうではない。まずはじめに、ランダムな解の候補を大量にコンピュータの中で生成する。その上で、それらの中から目標に照らして、相対的に優秀な解の候補をいくつか選び出す。そうして、それらの比較的優秀な解の候補を元にして、さらに「次世代」の解を生成していく。

コンピュータの中ではすべてはビット列（＝0と1からなる数字列）で表現されるから、これらの解の候補もまた、ビット列で表される。結局、はじめに生成したランダムなビット列の中から、何らかの基準に沿ってより優れたものを選び出し、その選ばれたビット列を「変異」させながら、次々と自己複製をさせていくということである。

　生物学的なプロセスを模したこのような操作を繰り返していくと、ビット列を「進化」させることができる。ある目的に沿って「より望ましい」数字列を、生成していくことができるのだ。

　ここで紹介したいのは、そんな人工進化の研究の中でも少し変わったもの、イギリスのエイドリアン・トンプソンとサセックス大学の研究グループによる「進化電子工学」の研究である。通常の人工進化が、コンピュータの中のビット列として表現された仮想的な個体を進化させるのに対して、彼らは物理世界の中で動くハードウェアそのものを進化させることを試みた。

　課題は、異なる音程の二つのブザーを聞き分けるチップを作ることである。人間が設計をする場合、これはさほど難しい仕事ではない。チップ上の数百の単純な回路を使って、実現できる。ところが彼らはこのチップの設計プロセスそのものを、人間の手を介さずに、人工進化の方法だけでやろうとしたのだ。この際、彼らが用いたのはFPGA（Field Programmable Gate Array）という特殊な集積回路である。

　FPGAには、「論理ブロック」と呼ばれるプログラム可能な論理コンポーネントが複数配置されていて、ソフトウェアを用いてその配線を自由に再構成することができる。エイドリアンらは目指すタスクを達成すべく、ＦＰＧＡの配線を人工的に進化させたのである。結果として、およそ四千世代の「進化」の後に、無事タスクをこなすチップが得られた。決して難度の高いタスクではないので、それ自体はさほど驚くべきことではないかもしれない。が、最終的に生き残ったチップを調べてみると、奇妙な点があった。そのチップは百ある論理ブロックのうち、三十七個しか使っていなかったのだ。これは、人間が設計した場合に最低限必要とされる論理ブロックの数を下回る数で、普通に考えると機能するはずがない。

さらに不思議なことに、たった三十七個しか使われていない論理ブロックのうち、五つは他の論理ブロックと繋（つな）がっていないことがわかった。繋がっていない孤立した論理ブロックは、機能的にはどんな役割も果たしていないはずである。ところが驚くべきことに、これら五つの論理ブロックのどれ一つを取り除いても、回路は働かなくなってしまったのである。

トンプソンらは、この奇妙なチップを詳細に調べた。すると、次第に興味深い事実が浮かび上がってきた。実は、この回路は電磁的な漏出（ろうしゅつ）や磁束（じそく）を巧みに利用していたのである。普通はノイズとして、エンジニアの手によって慎重に排除されるこうした漏出が、回路基板を通じて伝わり、タスクをこなすための機能的な役割を果たしていたのだ。チップは回路間のデジタルな情報のやりとりだけでなく、いわばアナログの情報伝達経路を、進化的に獲得していたのである。

物理世界の中を進化してきたシステムにとって、リソースとノイズのはっきりした境界はないのだ。“Whatever Works”というウッディ・アレンの映画（邦題は『人生万歳！』）があるが、物理世界の中を必死で生き残ろうとするシステムにとっては、まさにWhatever Works、うまくいくなら何でもありなのである。

人間が人工物を設計するときには、あらかじめどこまでがリソースでどこからがノイズかをはっきりと決めるものである。この回路の例で言えば、一つ一つの論理ブロックは問題解決のためのリソースだが、電磁的な漏れや磁束はノイズとして、極力除くようにするだろう。だが、それはあくまで設計者の視点である。設計者のいない、ボトムアップの進化の過程では、使えるものは、見境なくなんでも使われる。結果として、リソースは身体や環境に散らばり、ノイズとの区別が曖昧になる。どこまでが問題解決をしている主体で、どこからがその環境なのかということが、判然としないまま雑じりあう。

物理世界の中を進化してきたヒトもまた、もちろんその例外ではない。ともするとヒトの思考のリソースは頭蓋骨の中の脳みそであって、身体の外側はノイズであり、環境である、と思われがちだが、簡単な電子チップですら、その問題解決のリソースは、いともたやすく環境に漏れ出してしまうのである。だとすれば、四十億年の進化プロセスを生き残ってきた私たちの「問題解決のためのリソース」は、もっとはるかに身体や環境のあちこちに沁み出しているはずである。

認知のためのリソースが環境に「漏れ出し」たり「沁み出し」たりするというのは、哲学者のアンディ・クラークが好んで用いる表現である。もともと私がここで紹介した実験のことを初めて知ったのも、二〇一一年に東大駒場キャンパスで開催された彼の講演であった。[14]

クラークは認知科学における世界を代表する哲学者の一人で、近年めまぐるしく展開しているこの分野の発展を力強く牽引している。そんな彼は、たとえば著書の一つ"*Supersizing the Mind*"の中で、「認知は身体と世界に漏れ出す（Cognition leaks out into body and world)」という印象的な表現で、彼の思想を端的に表現している。

認知過程が環境に「漏れ出し」「沁み出す」ためには、もともと認知過程が脳の中に閉じていた、あるいは閉じていると思われていた、という前提が必要である。実際、長らく「心（mind)」が「脳（brain)」の中に閉じ込められていると信じられてきた哲学・科学の歴史があるからこそ、クラークは認知をその制約から解放する必要があったのだ。

しかし、心を脳の中に閉じ込めてきたのは、あくまで私たちの「常識」であって、当の認知過程そのものは、端から脳の外に広がっているのだとすれば、「漏れ出し」「沁み出す」という表現を強調し過ぎてしまうと、かえって語弊もあるだろう。ともかく、ここで強調したいことは、様々な認知的タスクの遂行において、脳そのものが果たしている役割が、思いのほか限定的である可能性があるということである。脳が決定的に重要であることはもちろんだとしても、仕事の大部分を身体や環境が担っている場合も少なくないのだ。

## 行為としての数学

クラークの著書『現れる存在』の中から、もう一つ関連する話題を紹介したい。今度は、マグロの話である。[15]

一九九五年にＭＩＴ（マサチューセッツ工科大学）で、マグロのロボットをつくるプロジェクトが立ち上がった。マグロは想像を超えて、とてつもなく速い。クロマグロに至っては、最大で時速八十キロも出るという。

そのマグロの驚くべき「泳法」の秘密を解明して、潜水艦や船の設計に生かそうというのがこのプロジェクトの狙いだったが、その過程で興味深い仮説が浮かび上がった。マグロは自らの尾ひれで周囲に大小の渦や水圧の勾配を作り出し、その水の流れの変化を生かして、推進力を得ているのではないか、というのだ。

普通、船や潜水艦にとって海水はあくまで克服すべき障害物である。ところが、マグロは周囲の水を、泳ぐという行為を実現するためのリソースとして生かしている、というわけだ。

示唆に富む話である。周囲の環境と対立し、それを克服すべきものと捉えるのではなく、むしろ環境を問題解決のためのリソースとして積極的に行為の中に組み込んでいく。マグロにとって周囲の水の流れは、運動のためのリソースであって、障害ではない。生物は機械と違い、環境の中を生き残ってきた進化の来歴を背負っている。ロボットにとって環境はあくまで「解決すべき問題」かもしれないが、生命の方は、環境を「問題」と片付けてしまうにはあまりにもそれと深く交わっている。

人間もまた生物である。例えば論理的な思考や計算をするときに、脳の中はリソースで、その外はノイズだと、簡単に分けることはできない。論理的思考にしても計算にしても、文字や数字あるいは音声言語の使用なしでは不可能であるし、情報の記憶や伝達を担う外部メディアや制度なくして成り立たない。マグロが周囲の水の流れをうまく利用しながら巧みな泳法を実現しているのと同じように、私たち人間もまた周囲の環境の能力をうまく生かしながら思考をしているのである。

周囲の環境をつくりかえることによって、そこにある種の知能や機能を実現させる。こうして生み出されるものの典型が道具である。それは、知能や機能を帯びた環境として、身体の能力を補完し拡張する。

冒頭で見たのは「離散的数量を厳密に把握する（あるいは操作する）」という、人が本来苦手とするタスクを遂行するために、身体や物、さらには外部メディアを使った記号の体系を道具として利用しながら、認知能力が拡張されていく様子であった。人は数字をはじめとする種々の道具を環境の中につくりだし、それを操作することで、巧みに数学的思考の海を渡り歩いていくのである。

ところで、数字の道具としての著しい性質は、それが容易に内面化されてしまう点である。はじめは紙と鉛筆を使っていた計算も、繰り返しているうちに神経系が訓練され、頭の中で想像上の数字を操作するだけで済んでしまうようになる。それは、道具としての数字が次第に自分の一部分になっていく、すなわち「身体化」されていく過程である。

ひとたび「身体化」されると、紙と鉛筆を使って計算をしていたときには明らかに「行為」とみなされたことも、今度は「思考」とみなされるようになる。行為と思考の境界は案外に微妙なのである。

行為はしばしば内面化されて思考となるし、逆に、思考が外在化して行為となることもある。私は時々、人の所作を見ているときに、あるいは自分で身体を動かしているときに、ふと「動くことは考えることに似ている」と思うことがある。身体的な行為が、まるで外に溢れ出した思考のように思えてくるのだ。

思考と行為の間に、はっきりとした境界を引くのは難しい。そのことを強調するために「数学的思考」の代わりに、しばしば「数学という行為」と表現していくことにする。

## 数学の中に住まう

数学の目的はかつて、数学的道具を用いながら、税金の計算や土地の測量など、生活上の具体的で実践的な問題を解決することが中心であった。このとき、数学者の関心は、あくまで数学の外の、実世界の方を向いている。

ところが、古代ギリシア数学のように、当初は道具であった数や図形が、それ自体数学的な研究の対象となると、事態はやや込み入ってくる。数学は、実世界に働きかける行為であるよりも、数学それ自身に働きかける行為に変わるのだ。

たとえば、素数が無限にあることがわかれば、今度はその分布の仕方が気になる。正多面体を発見したら、今度はあり得るすべての正多面体を分類し尽くそうということになる。数学によって解決すべき問題が、数学の中から生まれてくるのだ。

数学的道具を持って実世界に立ち向かう、という数学者像はもはや通用しない。数学者は、数学的道具と技術と無数の定理や知識に取り囲まれている。その取り囲む人工物の総体は、数学者の行為を可能にする足場でありながら、同時に数学者の行為が向かう先でもある。それは、行為としての数学が展開される場所そのものである。数学者は、自らの活動の空間を「建築」するのだ。

建築とは、抽象的に言えば、人間の手によって環境の機能を拡張することである。それは道具の使用と同様に、生命が認知コストを外部化するための方法の一つだが、道具が身体的に「把持(はじ)される」ことで直接的に身体を延長するのとは対照的に、身体がそこに「住まう」ことによって、より間接的に身体の能力を拡張するのが建築である。

数学者は、もはや道具を駆使しながら物理世界に働きかけるものではなく、自ら建築する空間の中に住まい、その中を行為するものになる。行為が建築を生成し、建築が行為を誘導する。建築と中に住まう人との境界は雑じり合い、渾然とした一つのシステムが形成される。

## 天命を反転する

数学が生成する「建築」は、単に人間の精神を囲い込む安住の空間ではない。それは、絶えず住人に働きかけ、変容を迫りながら、同時にそこに住むものによってつくりかえられる。そのダイナミックな構造体は、そこに住まう者と分離不能な一つの全体を成す。

私がこのようなものとして「建築」を思い描くとき、頭に浮かぶのは、荒川修作の建築である。

はじめて荒川修作と対面した日のことは、いまでも鮮明に覚えている。その日、私は彼の手がけた「三鷹天命反転住宅」の一室で開かれたトークイベントに参加した。囲炉裏のように設えられた中心のキッチンスペースに荒川が座り、私たちはその周囲の起伏の激しいコンクリートのでこぼこの床に座って、その第一声を固唾(かたず)を飲んで見守った。すると彼は突然、目の前にあった蛇口に手を伸ばし、すごい勢いで水を流し始めた。蛇口から溢れ出す水を眺めながら、ゆっくりと「レオナルド……レオナルドはこれを見て……自然、ということを考えた……」このように語りだしたのである。

　荒川修作は講演のとき、よくレオナルドの話を持ち出した。レオナルド・ダ・ヴィンチのことである。ダ・ヴィンチは自然を見て、それを「つくりなおしてやろう」と考えた。そういう意味で彼は、ここ数百年で唯一(ゆいいつ)まともな哲学者だったが、そのあとは全滅。その次がアラカワだ。そんな話の展開であったと記憶している。

　あるとき講演中「レオナルドが……」と語りだしたときに、お客さんの一人が「ディカプリオですか？」と思わず聞き返したことがあった。このとき「なに？　レオナルドはもう一人いるのか？　その人もすごいのか⁇」と、彼は身を乗り出して、すごい勢いで聞き返していた。荒川修作には、そんな心温まるエピソードがたくさんある。

　その日のトークは、とにかく凄(すさ)まじかった。「君たち、太陽が素晴らしいと思ってるだろ！　そんなに素晴らしいなら、なぜつくろうとしない？　俺は百兆円あったら、太陽をつくる。二つ目の太陽をつくるんだ。あっちで太陽が沈んだと思ったら、またこっちから昇ってくる。そしたらどうなる⁇……変わるぞぉ」いかにも嬉(うれ)しそうな、いたずらっこのような笑みを浮かべ、それでいてものすごい気迫で「変わるぞぉ」と、こちらの目をのぞき込みながら言うのだ。終始こんな調子である。私はこの日以来、すっかり荒川修作のファンになった。

ちょっとした幸運が重なり、私はその翌年から、三鷹天命反転住宅の一室に住むことになった。原色を派手に使い、床はでこぼこで、部屋を仕切る壁がなく、真っ青な球体の部屋まであるその建築は、住んでみると、意外なほど居心地がよかった。しかも、この家にはちょっと変わった「使用法[16]」がついている。たとえばこんな調子である。

・すべての部屋を、あなた自身のように、あなたの直接の延長のように扱いましょう。
・月ごとにいろいろな動物（たとえば、ヘビ、シカ、カメ、ゾウ、キリン、ペンギンなど）となって、ユニット内を動きまわりましょう。
・ユニット内の鮮やかな色とかたちのさまざまな立体群を利用して、あなた自身の生命力を構築し、構成しましょう。
・毎月二時間、まるで別人になってしまうほど、あなたのロフトに完全に没頭しましょう。

少し読むだけでわかると思うが、この建築は決して、安住のための空間ではない。むしろ、あらゆる日常の行為の再構成を迫る空間である。それは「私」の再構築、そして変容をすら、住人に迫る。

荒川修作は、少年時代に戦争・疎開を経験した。あるとき近所に住む町医者のところに運び込まれた負傷して血だらけの少女を、自分の腕の中に抱き上げたことがあったという。大丈夫か？とのぞき込みながら胸に抱いていた少女は、ほどなくして、彼の腕の中で息をひきとった。

荒川はこのとき、非常に大きなショックを受けた。そして「二度とこんなことがあってはいけない」と、つまり「二度と死ということがあってはいけない。私は、徹底的に死に抗う」、そう決心したという。

とは言え、死に抗うということを真面目に考えた哲学者も芸術家も科学者もいない。いったいどうしたら人間は「永遠に死なない」存在になれるのか。荒川は考えた。私たちは「私」とは何かということをろくに知りもせず、「私の死」ということに怯えている。しかし、「私」ということの感覚も、実は身体的な行為によってつくられたものに過ぎない。であるなら、それは構築しなおすことができるはずだ。「なんだ、私はここにもあそこにもいる。あちこちに散らばっているじゃないか。私は死なないではないか」。そのような、まったく新しい「風景」を立ち上げるために、新しい行為と、それを生み出す空間を「建築」する。そうして、あらゆる所与、「私の死」という所与にすら抗おう。それが荒川修作の「天命反転」の壮大な企てだ。

その建築の見た目の奇抜さから、ともすると彼の建築は奇を衒ったアート作品と誤解されることもあるが、生命の認知過程が身体を超えて環境に広がっているものなのだとしたら、環境を再構成することを通じて「生命をつくりなおし」てしまおうという荒川の企ては、奇を衒ったアートと呼ぶにはあまりにも合理的である。

数学の生み出す建築もまた、荒川のそれに負けないくらい奇抜だ。でこぼこの床や、球状の部屋こそないが、それでも中に住まうものを十分に動揺させ、戦慄させてきた。荒川建築のでこぼこの床の上を不器用に歩き回るうちに、日常の行為のパターンが解体されていくのと同じように、数学する者もまた、日常の行為の習慣を手放すことを余儀なくされる。数学は、単に身体的な行為であるだけでなく、日々の習慣から懸け離れた行為なのだ。

常識を逸脱した行為の中から、常識を超えた「風景」が生まれる――それは、荒川建築の核心であり、同時にまた、数学という営みの醍醐味でもある。

# 第二章　計算する機械

過去なしに出し抜けに存在する人というものはない。
その人とはその人の過去のことである。
その過去のエキス化が情緒である。
だから情緒の総和がその人である。[1]

——岡潔

数学は身体的な営みであり、歴史を背負った営為である。数学にも、数学の「過去」がある。しかし、そのことが意識されることは、普通はあまりない。

たとえば「数学＝数式と計算」というイメージを持っている人は少なくない。実際、学校で教わる数学のほとんどが数式と計算なのだから無理もないが、数式と計算をことさら重視するのは一七―一九世紀の西欧数学に特有の傾向で、それ自体が必ずしも普遍的な考え方でないことは、あまり知られていない。すでに述べたように古代ギリシア人は幾何学的論証を重視して具体的な数値的計算を数学に持ち込もうとはしなかったし、あとで見るが現代数学も過度の計算に頼るよりも、抽象的な概念や論理を重視する方向に進んだ。

私たちが学校で教わる数学の大部分は、古代の数学でもなければ現代の数学でもない、近代の西欧数学なのである。数学は初めからいまの形であったわけではなく、時代や場所ごとにその姿を変えながら、徐々にいまの形に変容してきたのだ。

## I 証明の原風景

### 証明を支える「認識の道具」

それでは、数学はいつ始まったのか。この問いにはっきりとした答えを出すのは難しい。「起源」へと遡行(そこう)していくうちに、次第に「数学」そのものの輪郭がぼやけ、何を以て(もって)その「誕生」とすればよいのか、線引きすることが困難になる。しかし数学の歴史にも、その姿が大きく変わるような画期がいくつかあったことは間違いない。その飛躍のひとつが、紀元前五世紀頃のギリシアで起こった。

すでに第一章でも述べたように、古代ギリシアではじめて「証明」の文化が生まれたのである。しかも、新たな行為としての証明は、それを支える新しい「認識の道具」とともに登場した。古代ギリシア数学の文献の丹念な分析を通して、そのことを鮮やかに示してみせたのは、スタンフォード大学の数学史家リヴィエル・ネッツだ。

彼の著書 “*The Shaping of Deduction in Greek Mathematics*” を読むと、古代ギリシアにおける数学がいかに行為であったかということがよくわかる。

ネッツはまず、ギリシア数学における「図（diagram）」の役割に着目する。古代ギリシアの数学文献には、アルファベットで添え字付けされた「図」がたくさん登場するのだ。それ自体は、目新しいことではないが、古代ギリシア数学における図には特別な「認識上」の役割があるとネッツは指摘する。

例として『原論』第一巻命題三十八を見てみよう。命題冒頭の「提示」の部分に、次のような記述がある。

三角形をABG、DEZとし、等しい底辺BG、EZの上にあり、同じ平行線BZ、ADの中にあるとしよう。私は言う、三角形ABGは三角形DEZに等しい。[2]

さて、この文章を読んで、はたしてどれくらいの人が作者の意図を汲み取ることができるだろうか。文中に二つの三角形が出てくるが、そもそもそれらがどのような位置関係にあるのか、文を読んだだけでは判然としない。文章からいったん目を転じ、命題のそばに描かれた図（図5）を見たとき、初めて作者が意図している状況がわか

図5

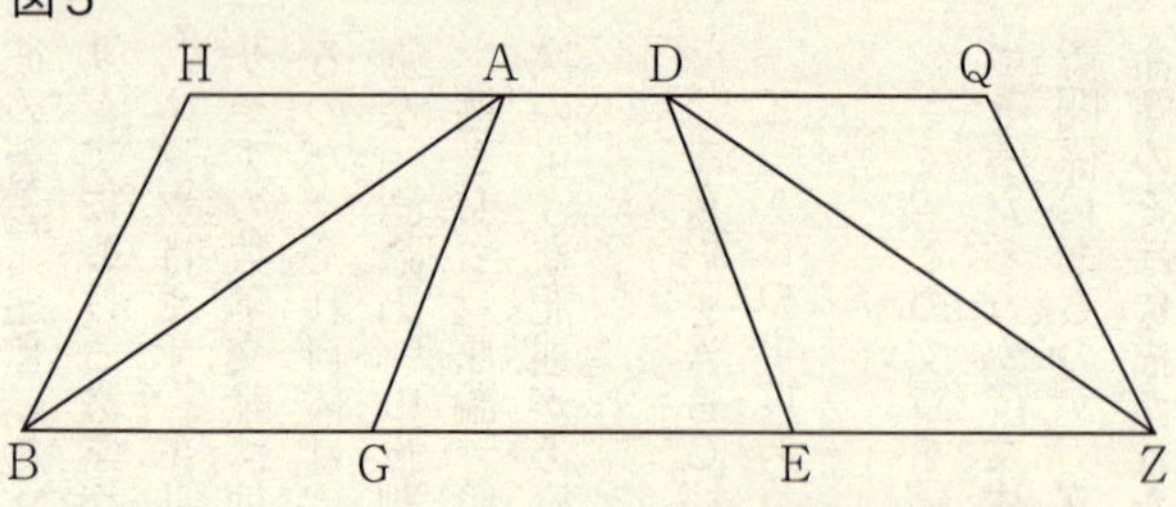


る。

　このように、古代ギリシア数学文献の中では一般に、命題の文が図の存在に依存している。内容的に自己完結した命題があり、それを視覚化するための補助手段として図があるのではなく、図そのものが命題の一部になっているのだ。

　現代的な平面幾何学の教科書にも、命題には図が添えられているが、図がなくても、命題をよく読めば、そこに記された言葉から図が復元できるようになっているはずである。その場合、図と命題は相互に依存していない。視覚的な図に頼らずとも、命題の記述そのものが一つの完結した全体をなしている。

　一方、古代ギリシア数学において命題や証明は、言語的記述の中に閉じていない。命題の主張や証明は、言語的記述と図の双方にまたがっているのだ。

　ここでネッツは、一つ重大な指摘をしている。古代ギリシア数学における図は、抽象的な数学的対象を表現するための手段ではなく、描かれた図そのものが、古代の数学者の研究の対象だったのではないか、というのである。つまり、何か抽象的な「円そのもの」あるいは「四角形そのもの」について研究するために、それらの不完全な像として円や四角形を作図しているのではなく、作図された円や四角形自体が、端的に彼らの研究の対象だったのではないか、というのである。

ここで古代ギリシアの哲学者プラトンのことを思い浮かべる人もいるかもしれない。確かに彼は、作図された個別の図は、その背後にある理想的な「イデア」の不完全な像に過ぎないと考えた。そうして、永遠的な実在、真理を重視する立場から、独自の数学観を提示して、後世に多大な影響を残した。

しかし、プラトンはあくまで哲学者として数学を語ったのであって、その言葉が当時の数学者たちの心情をどれほど正確に反映していたかは疑わしい。たとえば数学史家の斎藤憲は、プラトンが「永遠的な実在、真理を重視するあまり、数学者の活動を正当に評価できなかった」可能性を指摘している。[3]

プラトンの『国家』の中で、ソクラテスは当時の数学者の様子を前にして、次のように嘆いている。

彼らの使っている言葉は、大へん滑稽で無理強いされたようなところがある。というのは、彼らはまるで自分たちが実際に行為しているかのように、そして自分たちの語る言葉はすべて行為のためにあるかのように、「四角形にする」だとか「(与えられた線上に図形を)沿えて置く」だとか「加える」だとか、すべてこのような言い方をするからだ。実際には、この学問のすべては、もっぱら知ることを目的として研究されているはずなのにね。[4]

数学者たちの言葉遣いが「大へん滑稽で無理強いされたようなところがある」というが、結果としてその言葉がかえって、いかに当時の数学者にとって数学が行為であったかを、如実に物語っている。四角形にしたり加えたりと言った数学的な手続きが、数学者にはまるで「実際に行為しているかのように」感じられたのだ。

古代ギリシア数学においては、図を描くという行為そのものが証明プロセスの一部だった。私的な思考を公的に表現するために図があるのではなく、思考が初めから図として外に現れていた。「知る」ことから「する」ことを切り離そうとしたプラトンの思いとは裏腹に、数学者にとっては、「知る」ことと「する」ことは、分かち難く一つだったのではないか。

図を前にして数学に耽る古代ギリシアの数学者を想像してみよう。彼は、どのようにして思考をしているだろうか。その姿は現代の数学者とは随分違う。そもそも紙も鉛筆もなければ黒板もチョークもない。定かなことはわからないが、砂や木のようなものが、図を描くための媒体だっただろうと言われている。そこに描かれた図を前にして、彼らは誰かに語りかけるか、あるいは小声で、もしくは大きな声で、何かをブツブツしゃべりながら数学をしていたはずである。

古代ギリシア時代と言えば、文字以前の「声の文化」から、少しずつ「文字の文化」へと移行を始めた時期である。確かに数学者たちも文字を使って研究の内容を記録するようになっており、だからこそ私たちはいまでもその遺産に触れることができるのだが、それでもまだまだ言葉は書かれる以上に、語られるものであった。

数学者というと、夢中になって記号や数式を書いているイメージが湧くかもしれないが、古代の数学者を想像するときは、その印象を改める必要がある。彼らは書くというよりも描き、語る人々である。そもそも古代ギリシアには、記号もなければ数式もない。その思考を支えるテクノロジーは、わずかに「図」と「自然言語」だけである。

あとで見るが、記号を駆使した代数の言語が整備されることで、数学の表現力が飛躍的に高まるのはようやく一七世紀に入ってからのことで、古代の数学者はそうした強力なテクノロジーの力を借りずに、数学的思考を展開する必要があった。

記号や数式の不在は、数学的思考に想像以上に厳しい制約を与える。たとえば今なら「A:B=C:D」と書いて済むところを、彼らは「AがBに対するようにCがDに対する」と、言葉だけを使って表現する必要があった。古代ギリシアの数学には比に関する議論が頻出するため、「AがBに対するようにCがDに対する」という構造の表現は、証明の中で頻繁に繰り返されることになる。こうした「定型表現」が、論証のための重要な認知的基盤の役割を果たしたはずだ、とネッツは指摘する。たとえば『原論』第五巻命題十六において、現代風に書けば「A:B=C:Dならば A:C=B:D」と書けるような比例についての基本的な性質が証明されている。これ以後ギリシアの数学者たちは論証の際に、次のような定型表現に則(のっと)って、論証を遂行するようになった。

AがBに対するようにCがDに対するとせよ。それゆえ、あるいはまた、AがC

に対するようにBがDに対する。[5]

こうした定型表現が、現代の私たちであれば「A：B＝C：D→A：C＝B：D」と記号を使って視覚的に表現するようなある種の「公式」の役割を果たしたのである。いまなら記号を使って比較的簡単に書き下せる公式も、当時の人たちは定型文を使って、その言語的な構造を頼りにしながら記憶し、使用するほかなかったのだ。現代の数学者は数式の構造に沿って式変形をしていくことで正しい推論をすることができるが、古代の数学者は、構文的な規約に従う定型文を駆使することで、何とか正しい推論を効率的に遂行しようとしていたのである。

いつの時代も数学者たちは、手持ちの資源をやり繰りしながら数学をしているが、古代ギリシアの数学者の場合には特に「図」と、自然言語を生かした「定型表現」が道具であった。そうした道具を駆使しながら「証明」という、新しい数学的行為の形式を生み出していったのである。

## 対話としての証明

地面や木の板の上に描かれた図や、声に出して語られる言葉を道具としていた古代ギリシアの数学的思考の大部分は、数学者の外の空間に「露出」している。それは他者に開かれ、ある種の公共性を帯びた思考である。科学史家の下村寅太郎はその代表作『科学史の哲学』の中で、次のように述べている。

ギリシャ人において思惟は単なる意識における内的思惟ではない。積極的に言えば、独立なる個人を前提し、公的に対する私的な思惟をゆるす立場ではない。内心における思索でなく、外的表出において成立する思惟である。常に言葉をもつ思惟である。さらに具体的に言えば、単独孤独において行われる思惟でなく、共同的対話的な思惟である。かくの如き思惟あるいは思惟法が証明的あるいは論証的形態をとるのは自然であり、当然であろう。けだし「証明」は本来個人が単独に私的に独断的に思惟することでなく、公開的に示し、公共的な承認を要求することにほかならぬ。

ここで指摘されている通り「証明」は、そもそも他者の存在を前提としている。論証する数学者の姿勢が、民主政における説得の姿勢と重なることは、しばしば歴史家たちによっても指摘されているが、古代ギリシアにおける数学は独白的であるよりも対話的で、それが目指すところは個人的な得心である以上に、命題が確かに成立するということの「公共的な承認」だったのだ。

古代ギリシアの数学的思考に「他者」が意外な形で潜伏していることを独自の視点から主張した、ハンガリーの数学史家アルパッド・サボーの研究もある。[6] 彼は『原論』に登場する術語の綿密な分析を通し、論証数学の成立の背景に「エレア派」の哲学の影響があったのではないかと、大胆な推論をした。

『原論』は冒頭の二十三個の定義[7]に始まって、命題と証明の列挙の前に、いくつかの「要請（αἰτήματα アイテーマタ）」と「公理（ἀξιώματα アクシオーマタ）」が提示される。たとえば、『原論』冒頭には、以下のようにして「要請」が次々と列挙される。

　次のことが要請されているとせよ。すべての点からすべての点へと直線を引くこと。

　そして、有限な直線を連続して一直線をなして延長すること。

そして、あらゆる中心と距離をもって円を描くこと。……[8]

「アイテーマタ」は「公準」と訳されることもあり、「公理」と訳される「アクシオーマタ」とともに「万人の認める普遍的な真理」という意味に解釈されることが多い。たとえば、点と点があればその間に直線が引けることは、万人の認める明らかな真理で、古代ギリシアの数学者たちはこうした「疑いようのない真理(=公準や公理)」からの演繹のみで幾何学を構築しようとしたのだ、と説明される。ところがサボーは、アイテーマタやアクシオーマタという言葉が持つニュアンスにもっと忠実に、その言葉の本来の意味を解明しようとした。

サボーは『原論』の掲げる「要請」が、直線や円の作図という、ある種の「運動」に関わるものであることに着目する。そして、『原論』の作者がこうした当然のことを、ことさら「要請」しなければならなかった背景に、あらゆる運動の可能性を否定したエレア派の影響があったのではないかと考えるのである。

「エレア派」というのは紀元前五世紀前半のパルメニデスを始祖とする哲学者集団の名称だ。パルメニデスの「あるものはある、あらぬものはあらぬ」という形而上学は、やがて、世界は永遠不変の存在であって、変化や運動は幻想であるという過激な主張を導くに至る。

　彼らが活躍している時代において、点と点があればその間に直線が引けることは、けっして万人の認める真理とはみなされなかった。なぜなら、直線の作図は「運動」を示唆し、あらゆる運動の可能性は、彼らによって厳しく糾弾されることが目に見えていたからだ。

　だからこそ『原論』の作者は、「エレア派のみなさまのおっしゃることは大変よくわかりますが、ここは一つ、数学を展開する上で、点と点があるときには、その間に直線を引かせてもらってもいいでしょうか」と、想定される批判に先立って、あらかじめ「要請」をしておく必要があったのではないか。そうサボーは推測したのである。サボーの説については、その後いくつかの問題が指摘されており、それを丸ごと受け入れるわけにはいかないが、『原論』が他者からの批判を強く意識して書かれたもので、「要請」の数々が無用な論争を避けるために導入されたものであるという見方そのものは、依然として有力である。[9]『原論』はその独特の形式によって、数学と、数学についての哲学的な論争を峻別することにも成功しているのだ。

　このように古代ギリシアにおける論証数学の成立は、当時の政治的、社会的、文化的な背景から切っても切れない関係にある。彼らは砂を均して図を描き、自然言語の表現を調整して思考のための道具とし、証明の形式を整えることで他者との対話の方法とした。メディアや言語や社会など、周囲の環境の要素をうまく生かし、そこに働きかけながら、自らが行為しやすい固有の「ニッチ」を環境の中に作り出していったのだ。

逆に、数学者を取り囲むメディアや言語、あるいは社会のあり方が変容すれば、それに伴って数学のあり方も変わらざるを得ない。その過程は漸進(ぜんしん)的な場合もあれば、時に抜本的なものとなることもある。

古代ギリシアにおける論証数学の誕生は、そんな抜本的な飛躍の一つである。その後一七世紀のヨーロッパを舞台に、それに匹敵するような大きな革命が起きる。一言で言えば、図の代わりに「記号」が全面的に使用されるようになり、論証に代わって「計算」が数学の前面に押し出されるのだ。

## II　記号の発見

近代西欧数学の誕生は、ヨーロッパ世界で長らく忘れ去られていたギリシア数学の豊かな成果が蘇(よみがえ)る「再生(ルネサンス)」の過程そのものである。ところが、その過程でギリシア数学は、その本来の姿から大きく変わった。ギリシアで咲いた豊かな数学の種子が、長い眠りの後に西欧世界で再び芽を出したとき、西欧世界の数学の「土壌」には、インドからイスラーム世界を経由して中世ヨーロッパ世界に伝わった「代数的思考」と「計算」の養分がたっぷり蓄えられていたからだ。同じ種子でも土が違えば、咲く花の姿はおのずから変わる。結果として、ギリシア数学の種子から、それまで誰も見たことのない新しい姿の数学が花ひらいていく。

## アルジャブル

古代ギリシア文明の衰退後、その数学的遺産の最大の継承者となったのが、アッバース朝（七五〇―一二五八）下のイスラーム世界である。彼らは古代ギリシアの学問的遺産を継承するのみならず、バビロニアやインドの数学など、周辺地域から様々な伝統を吸収し、それらを併せ呑む懐の深さを持っていた。

すでに述べたように、古代ギリシア数学の大きな特徴は、実践よりも理論を尊重し、計算よりも幾何学的論証を重視する姿勢である。一方で、インド起源の数学は、実用的な関心の中で、計算を重視する傾向が強かった。これらの異なる伝統がイスラーム世界で雑(ま)じり合い、結果として実践性と理論を兼ね備え、数と幾何学の双方に関わる、独自の数学文化が育(はぐく)まれていく。

初期のアラビア数学を代表する数学者は、アル＝フワーリズミー（七八〇頃—八五〇）[10]である。彼の『インド式計算の書』は、インドで生まれた「算用数字」とその使用法をイスラーム世界に紹介した歴史的に重要な書だ。さらに、彼の『ジャブルとムカバラの書』は、やがて「アルジャブル」と呼ばれることになる、アラビア世界独自の数学の誕生を告げる数学史上大きな意味を持つ作品である。[11]

代数を意味するラテン語のalgebra(アルゲブラ)も、もとはこの「アルジャブル」に由来する。アルジャブルが目指すのは、未知数を含む式を、解きやすい形、あるいはすでに解けることがわかっている形に持ち込むための機械的な手続き（＝アルゴリズム）を考案すること、さらに、その手続きの正当性を幾何学的な手段によって証明することである。ここには、実践的問題解決への関心と理論的な論証への関心が共存している。

一二世紀にユークリッドの『原論』とともに、これらアル＝フワーリズミーの著作もアラビア語からラテン語に翻訳され、やがて、ヨーロッパ世界にもインド‐アラビア式計算法とアルジャブルの伝統がもたらされる。ただし、すぐに受け入れられたわけではない。ヨーロッパの学者たちはあくまで代数的計算を非学問的な技術とみなしていたので、東方から到来した新しい数学も、はじめは主として商人たちの間に広まっていくだけだった。アルジャブル的数学とギリシアから伝わる理論幾何学が有機的に結合したとき、そこに近代西欧数学が誕生するのだが、異なる文化の実り豊かな融合が実現するまでには、まだまだ長い時の蓄積を待つ必要がある。

## 記号化する代数

一四世紀にはイタリア各地に「計算学校」という寺子屋風の学校がつくられ、「計算教師」が「計算書」を教科書にして、子供たちに計算法や代数的な考え方を教授するようになる。そうして、中産階級の人々を中心に、数を扱う実践的な技術が浸透し、アラビア式代数の考え方も定着していく。さらに、商業経済の発展がアルプス山脈を越えて北へと波及していくと、それと連動するように計算と代数的思考の文化がヨーロッパ全土に伝わった。それがのちの近代数学の誕生に繫（つな）がる豊かな土壌を準備した。

ところで、アルジャブルと現代の私たちの知っている「代数」の間には、一つ決定的な違いがある。アルジャブルは、少なくとも一二世紀以前には、一切の記号を欠いていたのだ。つまり、完全に自然言語だけで展開されていた。

特に、一次の未知数を表すのに使われた「シャイ（物）」という言葉が、イタリア語では「コーサ（cosa）」、ドイツ語では「コス（coss）」と呼ばれることから、イタリアを経由して西欧世界に伝承されたアルジャブルはやがて「コスの技法」と呼ばれるようになった。

初めはあくまで実用的な関心から学ばれていた当時の代数も、やがて三次方程式と四次方程式の一般解法を公表したジロラモ・カルダーノ（一五〇一―一五七六）を筆頭に、優れた数学者の手により一級の数学的成果を生み出すようになると、ついには西欧世界においても正統な学問として認識されるようになる。

その過程でコス式の代数は、計算教師や数学者たちの手によって少しずつアレンジが加えられ、たとえば未知数に省略記号を用いたり、演算に特定の記号が割り当てられたりするようになる。一六世紀には、活版印刷技術の普及も手伝って記号法の統一が進み、私たちがいまも使っている＋、－、×、＝、√などのお馴染みの記号が出揃ってくる。

それまで世界中の数学者が「イコール」の記号もなしに数学をしていたというのは、にわかには信じがたい。が、この記号の発案者であるロバート・レコードは、その著書『知恵の砥石』（一五五七）の中で「に等しい」という言葉を二百回近く繰り返してようやく、「＝」という記号を使えば、その「長ったらしい言葉の繰り返しを避ける」ことができる、と気づいたのである。[12] もっと早く気づいてもよさそうなものだが、それはいまだからこそ言える話であって、当時の数学はそれほどまでに自然言語に拘束されていたのだ。

記号化をさらに徹底させて、代数を記号操作による「一般式」の研究にまで洗練させたのは、フランスのフランソワ・ヴィエト（一五四〇―一六〇三）である。

ヴィエトが生まれた頃は、未知数を記号で表すことはあっても、既知数を記号で表すことはなかった。たとえば、

$$3x^2+2x+1=0$$

という方程式の中で、3や2や1は「既知数」で、$x$は「未知数」である。

未知数は方程式を解くことによって求めるべき数であって、文字通り「未だ知られていない数」だから、それにさしあたり記号を与えるのは自然な発想だろう。が、すでに知られている数をあらためて記号に置き換えることには、一見すると意味がない。しかし、それは画期的なことだった。

たとえば、高校時代の教科書にも必ず出てきたはずの、

$$ax^2+bx+c=0$$

という式を思い出してみてほしい。ここでは先ほどの3や2や1などの具体的な数(=既知数)が、$a$, $b$, $c$などの記号に置き換えられている。これを初めて実行したのが、ヴィエトなのだ。結果として得られるのは、「あらゆる二次方程式」を代表する二次方程式の「一般式」である。

ヴィエト自身は未知数を表すのに主として大文字の母音を使い、既知数を表すのに大文字の子音を使っていた。表記法こそ現在とは違うが、彼は既知数にまで記号を与えることによって、初めて「一般式」の概念に到達したのだ。これによって代数は、個別の方程式だけでなく「ある性質を持つ方程式全体(たとえば〝二次方程式全体〟など)」を、数学の対象として扱えるようになった。そうしてひとたび一般式に対する「解の公式」を導いてしまえば、二度と個々の解法に頭を煩わせる必要はなくなる。記号には、こうして数学的な構造や方法そのものを抽出し、対象化してしまう力がある。ヴィエトはそのことを十分に自覚している人だった。

彼は自らが整備した新しい記号代数の言語を「代数解析」と呼んで、その著書『解析技法序論』(一五九一)の終章において彼の解析法で「解けない問題はない(Nullum non problema solvere)」[13]と自信たっぷりに宣言している。

記号の力をフルに動員することで、数学は新たな時代に突入した。問題を一つ一つ解くのではなくて、「あらゆる問題を解決する」という、ヴィエトの気概が伝わってくる一文である。

こうして完成した新しい記号代数の言語を用いて、古代ギリシア数学の「復興」が本格的に進む。ヴィエトやデカルトがユークリッドの『原論』やディオファントスの『数論』を、また同じデカルトやフェルマーがアポロニオスの『円錐(えんすい)曲線論』を、次々と代数的な言語を使って書き直していった。幾何学を重視したギリシア数学の伝統が、アラビア流の「アルジャブル」に由来する代数的言語を媒介することで、遥(はる)かに計算主体の数学へと生まれ変わっていったのである。[14]

## 普遍性の希求

ヴィエトの精神をさらに徹底させて、「あらゆる問題を解決する」ための普遍的な「方法」を追求したのが、「近代哲学の父」と呼ばれるルネ・デカルト（一五九六―一六五〇）である。

生前未発表の『精神指導の規則』の中で「事物の真理を探究するには方法（Methodus）が必要である」と記したデカルトは、記号化された代数に、真理探究の方法の規範を見出し、若き日々を意識的に、代数的思考の訓練に割いた。

その成果はやがて、『方法序説』の本論の一部を成す『幾何学』(一六三七)に結実する。この本を開くと、未知数に母音を使い、既知数に子音を使ったヴィエトとは違い、未知数に $x, y, z$、既知数に $a, b, c$ などを使う見慣れた表記が目に入る。イコール記号に $\infty$ を使うなど、現代とは異なる部分もあるが、記号代数の表記法をほぼ現在の形にまで洗練させたのはデカルトである。

それ以上に重要なのは、彼が記号代数の力を借りて、古代ギリシア以来の幾何学的な問題を統一的に解決するための「方法」を開発したことである。たとえば作図問題を解こうとするときに、試行錯誤を繰り返しながら段階的に作図を実現していくのではなく、仮に作図ができたとしたらその作図に必要となるはずの線分に(それが未知か既知かにかかわらず)あらかじめ記号を割り振ってしまう。その上で、それらの線分によって表される量の間に成り立つ関係を求める。特に、同じ量を異なる仕方で表現することができれば、二つの量が等号で結ばれた「方程式」が得られる。すると、もとの作図問題は、それに対応する方程式を解くという代数的な問題に還元される。幾何学的な問題を代数的な計算に還元するこの一連の手続きは、古典的な幾何学の問題を統一的に解決する、普遍的な「方法」となった。

これによって、幾何学における問題の立て方そのものが大きく変わった。それまで幾何学の問題は、あくまで個別の図形にかかわるものだったが、デカルトの方法によって、より普遍的な問題の立て方が可能になった。たとえば彼は『幾何学』の中で、「定規とコンパスを有限回使うことによって解くことのできる作図問題はどのような特徴をもつか」を問い、それに答えを与えている。個々の作図問題を解くのではなく、彼は作図問題について数学的に研究する方法を編み出したのである。

一つ一つの問題を前に、いちいちそれと格闘するのではなく、一歩引いた視点から、その問題の性質そのものについて研究すること。そもそも、ある方法のもとでどのような問題が解けてどのような問題が解けないのかをはっきりさせること。そうした上で、解ける問題についてはその一般的な解を導出すること。かつての数学者が大なり小なり場当たり的に問題に取り組んでいたのだとしたら、デカルトが目指したのは、より組織的で計画的な数学である。

『幾何学』はその意味で、近代西欧数学の精神を象徴する作品だ。ここで展開された方法によって数学者たちは、図を用いた論証の代わりに、記号を用いた代数的計算という、強力な手段を手に入れ、数学に対するより普遍的な視座を獲得したのである。それは、古代ギリシアにおける論証数学の発明と並ぶ、数学史の大きな事件であった。

## 「無限」の世界へ

一七世紀の後半になると、ヴィエト、デカルトらによって確立された新しい記号代数の言語を身につけた新世代の数学者、ニュートン(一六四二―一七二七)とライプニッツ(一六四六―一七一六)によってそれぞれ独立に微積分学の基礎が打ち立てられる。彼らは個々の図形に対してそれぞれ接線を引いたり面積を求めたりする方法を探るのではなく、方程式で表された一般の曲線に対してその接線や下の面積を求める代数的なアルゴリズムを編み出した。その上でさらに、接線法と求積法の操作が、互いにちょうど逆の関係にあることを明らかにした。「微積分学の基本定理」といまでは呼ばれているこの発見こそは、微積分学の誕生を告げる画期的な出来事である。以後、代数的計算の及ぶ範囲は、デカルトが考察した「有限」の世界を超えて「無限」の世界にまで広がっていくことになる。

ライプニッツの微積分学に秘められた意義を真っ先に読み取り、それを広く世に知らしめたのはスイスのベルヌーイ兄弟である。そのうち弟のヨハン・ベルヌーイに数学を教わったのが、一八世紀最大の数学者、レオンハルト・オイラー(一七〇七―一七八三)だ。

「人が呼吸するように、また鷲が風に身を任せるように」[15]計算をしたと言われるオイラーは、幾何学的な図の代わりに「関数」を数学の中心に据えて、現在に繋がる微積分学の基本的なテクニックのほとんどすべてを発見してしまった。視力を完全に失った晩年も創造意欲は衰えず、その研究の領域は解析学のほかにも力学や数論など多方面にわたり、デカルトやライプニッツやニュートンによって整備された代数的計算の方法の威力をさまざまと示してみせた。

古代ギリシア人のように図を描きながら厳密な論証を積み重ねていく代わりに、一七、一八世紀の数学者たちは記号と計算の力を借りて、縦横に独創的な数学世界を切り拓いていったのである。

## 「意味」を超える

かつては図と自然言語による論証に支えられていた数学が、いまや数式と計算によって進められるようになった。数学を支える道具と言語の変容によって、数学の姿は大きく変わった。

幾何学的な図は、コンパスや定規を使って、砂や紙の上に筆記具を使って描かれる。

この「作図」という行為はもちろん、物理世界の制約を受ける。したがって当然、物理的にありえない図を作図することは、物理的にありえない。これは、古代ギリシア人の数学的思考に課せられた大きな制約である。

記号を使った計算においては、記号の振る舞いは物理世界の法則に制約されない。計算の規則さえ正しく守れば、物理的にありえない結果も、平気で導き出されることがある。

たとえば、「虚数」と呼ばれる数がある。虚数とは、2乗すると−1になる数のことだが、普通に考えると「意味」がよくわからない。どんな数も2乗すると0以上になるのではないか。2乗したらマイナスになる数など、いったいどこに存在するというのだろうか。

わかる、わからないにかかわらず、数式を変形していると、虚数が出てきてしまうことがある。「わからない」のはあくまでこちらの話で、数式の方は平気でその「存在」を主張してくる。

記号を使うとしばしばこういうことが起こる。計算をしているうちに意味のわからないものが出てきてしまうのだ。作図を使った推論の過程では、思考と意味が並走しているが、数式を計算していると、意味が置いてけぼりを食うことがある。それでも意味があとから追いつくならば、問題ないのである。

実際、いまでは$\sqrt{-1}$の「存在」を疑う数学者はいないだろう。「虚数」という不名誉な呼ばれ方をしているが、その存在を抜きにしては現代数学は成り立たない。はじめは直観を裏切る対象でも、使っているうちに次第に存在感を帯び、意味とその有用性がわかるようになってくる。そうして少しずつ、数学世界が広がっていく。

## 「基礎」の不安

デカルトやライプニッツ、ニュートンが生み出した近代の数学が、他方で、古代ギリシア数学の伝統を色濃く残していたことも事実である。

デカルトにとって代数的計算の対象は、あくまで具体的な幾何学的「量」である。彼が$ab$と書くときには、頭の中に、長さ$a$の線分と長さ$b$の線分をもとにして、長さ$ab$の線分を作図するプロセスが浮かんでいる。現代の代数学者のように、幾何学的文脈から解放された抽象的な記号の体系を考えるのではなく、あくまで彼の代数は、素朴な幾何学的直観に支えられている。だからこそ彼は、虚数の存在を受け入れることがなかったし、方程式の負の解ですら認めようとはしなかった。長さが虚数の線分や、長さが負の値を持つ線分などあり得ないからだ。

デカルトの仕事の延長線上に展開されたライプニッツやニュートンの微積分学においても事態はそう変わらない。微積分学を支える基本的な概念の多くが、依然として素朴な幾何学的直観に依っていた。数学は記号の力を手に入れたものの、いまだに物理的・幾何学的直観から自由にはなっていなかったのである。実際、それで大きな問題が生じることもなかった。幾何学的な直観に支えられた微積分学が、たとえば古典力学を首尾よく展開していく上でも十分な「厳密さ」を有することは、一八世紀の数学の華々しい成果が物語っている。

ところが一九世紀に入ると、記号と計算の力に牽引されて奔放に発展していく数学を、その基礎から見直す動きが生まれる。何より、微積分学の発展によって古代ギリシア人が慎重に回避してきた「無限」にかかわる議論が数学の中心舞台に躍り出し、素朴な直観にばかり頼ってはいられなくなってきたのだ。伝統的な幾何学はあくまで有限の広がりを持つ図形を対象としていたし、そもそも人間が経験できる世界は有限である。だが、そんな経験世界の有限性を軽々と超えて、無限世界に肉迫する表現力が記号と数式にはある。新しい時代の数学を支えるためには、人間に生来備わった物理的・幾何学的直観に代わる、より堅固な数学の「基礎」を一から築き上げる必要が出てきたのである。

こうした状況に対応すべく、ボルツァーノやコーシー、ワイエルシュトラスら一九世紀の数学者たちの手によって「解析学の厳密化」が推し進められた。その過程で「極限」や「連続性」など、定義が曖昧なままにされていたいくつかの概念に対して、できる限り直観に依存しないような、厳密な定式化が試みられるようになる。概念の精緻化は、数学を研究するための道具をますます鋭利なものにした。それまでの数学者が、いわば数学の世界を肉眼で見ていたとすれば、一九世紀の数学者たちは顕微鏡を使って、より細かく、より詳しく、それまで見逃していたディテールまで観察することができるようになった。

ところがそこには、目を疑うような光景が広がっていた。たとえば「いかなる点においても接線を持たない連続関数」などという「病理的な」関数が発見されたときには、エルミートは「恐れおののき、まなこをそむけ」、ポアンカレは「直観はいかにしてわれわれをあざむくのか？」と自問し、戸惑いを隠すことができなかった。[16] 数学者が目を凝らし、数学をより克明に把握しようとすればするほど、そこには直観を裏切るような現象が現れたのだ。そうなると、数学者たちは自らの直観が大雑把で不完全であると自覚して、それが証明の手段として信用に足るものではないことを悟る。無限を扱う繊細な議論を厳密に遂行するためには、「極限」や「連続性」などの概念を見直すだけでなく、数学を根底で支える「数」の概念や、数学でなされる推論そのものについてまで、根本的な省察をする必要が出てきたのである。

他方で、数式と計算を中心とした数学そのものが、計算の複雑化に伴って、次第に限界に近付いていく。ガウスやヤコビ、クンマーなど、一九世紀にはオイラーを引き継ぐ計算の名手が多数現れたものの、それだけに数式は長く複雑になり、手計算ではもはや追いつかないまでになった。

そこで計算の代わりに創造的な「概念（concept）」を導入することで、過剰な計算過程を縮約しようと考える数学者が登場しはじめる。特にリーマンやデデキントを筆頭とする一九世紀半ばのドイツの数学者たちが、数式と計算の時代から、概念と論理の時代へと舵を切っていこうとした。

彼らは、具体的な数や数式とその計算よりも、背景に控える抽象的な概念世界へと自由に飛翔していった。リーマンは関数の「母なる大地」[17]としての「リーマン面」の概念を導入して、具体的な式表示に拘束されない関数論を展開し、デデキントは、特定の数を使わずに定義できる「イデアル」の概念を導入して、代数的整数論の現代的な基礎を築いた。

　もちろん、新たな概念を導入するためには、それなりの根拠が必要である。勝手気ままに何でも導入するというわけにはいかない。そこで、概念を導入するときに、それを既存の数学的対象の「集合」として定義するというアプローチが生まれる。未知の概念も、すでに知られた対象の「集まり」として定義できれば、そうした「集まり」を扱うための一般理論（すなわち「集合」の理論）を使って、誰もがそれを同じルールに従って操作することができるようになる。当初は個人の心の中に浮かび上がっただけの概念も、具体的な集合として定義されることで、万人の共有財産になるのである。

　そのため、概念を重視する数学の展開と相まって、集合の理論の整備が進んだ。その先鞭（せんべん）をつけたのがデデキントだ。彼は、クンマーが研究の必要に迫られて導入した「理想の世界に存在する数」としての「理想数」の概念を、「イデアル」という具体的な集合として実現することで、それに確固とした「存在」を与えようとした。

　厳密な概念の定式化のためにも、過剰な計算を回避して数学の生産性を上げるためにも、「集合」が数学を支える「基礎」の言語の役割を果たすことを期待されたのだ。

　ところが二〇世紀に入ると、デデキントやカントールによって創成された「集合論」には、致命的な欠陥があることが明らかになる。特に、一九〇三年に公（おおやけ）にされた

「ラッセルのパラドクス」[18]は、当時の集合論が、数学の基盤としては極めて危ういことを明らかにした。数学は、その基礎をめぐる深刻な「危機」に直面したのだ。数学はこれからどこに向かっていくべきなのか。そもそも数学とは何なのか。様々な信念と哲学がぶつかり合う、熾烈な論争の時代が始まった。

## 「数学」を数学する

二〇世紀の前半に、こうした数学の基礎をめぐる論争に決着をつけるべく、ヒルベルト(一八六二—一九四三)という数学者が中心となって、ある周到な「計画」が動き出す。

ヒルベルトは一九世紀と二〇世紀を跨いで活躍し、一九世紀ドイツで育まれた概念的数学を我がものとしながら、二〇世紀的な「現代数学」の基礎を築き、当時ヨーロッパの数学の中心地の一つであったゲッティンゲン大学の黄金時代を支え続けた偉大な数学者である。彼は計算の力と概念の創造性、あるいは有限の確実性と無限の可能性という数学の両面を知りすぎるほど知っている人だった。そんな彼が、数学を救うためのある巧妙な計画を立ち上げたのだ。

ヒルベルトは考えた。現実的には概念を駆使して展開している数学も、原理的には有限的で機械的な方法だけで実行できるはずである。

生身の数学者は概念を駆使しながら「意味」の世界にどっぷり浸かって数学に耽っているかもしれないが、そんな数学者の生み出すものは、結局いくつもの定理であり、その定理の証明である。定理や証明は文字で書き表されるから、数学者の最終的なアウトプットは、記号の羅列に過ぎない。

だとしたら、ひとまず数学的思考の意味や内容ということは横において、現実の数学者が原理的に生み出し得るアウトプットを、少なくとも表面上はそっくりそのまま生成できるような人工的システムをつくることができるのではないか。何か人工言語を一つ決めて、その中で許される推論規則を定めてやれば、次々と「定理」が機械的に「証明」されるだろう。こうして適当に決められた人工言語と推論規則からなる「形式系」を数学理論の似姿だと思って、数学理論そのものの代わりに、形式系について研究をすることにしてはどうだろうか。

数学についての論争は、個々の数学者の信念や哲学がぶつかり合う泥沼になる。だからこそ、古代ギリシアの数学者たちは、あらかじめいくつかの「要請」を提示することで、数学の議論と、数学についての議論を、切り分けようとしたのであった。ヒルベルトが考えたのは、数学についての議論を、数学の議論に還元してしまう、巧妙な方法だ。

形式系は、厳密に定式化できるそれ自身数学的な対象なのだから、形式系についての議論は、数についての議論や、図形についての議論と同様、あくまで数学の議論である。ヒルベルトは生身の数学理論を研究する代わりにその似姿たる形式系を研究することで、数学についての哲学的な論争を、数学的に定式化された具体的な問題に還元してしまおうとしたのである。

ヒルベルトは言う。人間の数学と匹敵するくらい、十分に表現力の豊かな形式系をつくって、その無矛盾性[19]を（あくまで有限的な方法で）証明しよう。もしそれができたなら、当の人間が生み出す数学の方も、十分信頼に足るものだと信じることができるだろう、と。

残念ながらこの計画は、若き数学者ゲーデル（一九〇六―一九七八）のいわゆる「不完全性定理」[20]（一九三一）の発見によって暗礁に乗り上げる。ゲーデルによれば、自身の無矛盾性を証明できるほどの表現力を持つ無矛盾な形式系は、自身の無矛盾性を証明できない。これは、ヒルベルトが構想したような形で数学を救うことが、事実上不可能であることを意味している。ヒルベルトの偉大な計画は、こうして静かに終局を迎えることになる。が、ヒルベルトの「方法」そのものは、「数学の救済」とは別の文脈で、後世に多大な影響を残した。

ヒルベルト計画の心髄には、記号の力への深い信頼がある。彼は数学を支える方法としての証明を、そのままそっくり数学研究の対象にしてしまおうと考えたのだ。ヒルベルトが生み出した数学はそのため「証明論」ないしは「超数学」と呼ばれ、いまでも盛んに研究が続けられている。それは証明についての数学であり、数学についての数学だ。数学者はもはや数学をするだけでなく、数学をしている自らの思考について数学をすることができるようになった。

数学理論を形式系に還元することで、その内的な構造を明瞭化していくヒルベルトの方法は、数学に対する「公理的なアプローチ」と呼ばれることもある。それは数学全体を、はじめに措定されたいくつかの「公理」と、それに適用される推論規則の体系へと還元することを目論んでいる。

ヒルベルトのこうした公理的手法は、同時代の数学者たちに大きな影響を与えた。それは数学の基礎に関する哲学的な議論にかかわるだけでなく、数学の生産性を上げるための手段としても、極めて強力だったからだ。

たとえば数直線や関数空間[21]など異なるいくつかの数学的対象が、ある共通の性質を持つことを示したかったとしよう。このとき、個別の対象についていちいち似たような証明を繰り返すよりも、あらかじめ数直線や関数空間に共通する性質を（位相空間[22]の）「公理」として取り出しておけば、あとはそれらの公理から目的の性質を導き出すことで、証明を一度に片付けてしまうことができる。このように、公理的な方法には、数学の異なる分野を、互いに結びつけてしまう力があるのだ。

公理的方法のこの著しい生産性に着目し、数学の全体を公理によって規定された抽象的な「構造」についての学問として再編成をしようとしたのが、「ニコラ・ブルバキ」（一九三五―）を名乗るフランスの若手数学者の集団だ。「証明」を重視するヒルベルト流の公理主義に対して、彼らは公理によって定まる「構造」を重視するため、その数学はしばしば「構造主義的」であると言われる。ヒルベルトの方法から多分に影響を受けた彼らの数学が、その後の数学のあり方を決定的に方向づけていく。いまや、数学においてブルバキの構造主義的考え方は、ほとんど水や空気のように浸透している。数学的対象は、公理によって、人間の直観や実感からは自立した形で、形式的に構成されるものになった。

他方で、ヒルベルトの思想は意外な副産物をも生んだ。彼の「数学を救おう」という浮世離れした計画の果てに、コンピュータが発明されたのだ。ヒルベルト流の「数学についての数学」の考え方を身につけた若き数学者アラン・チューリング（一九一二―一九五四）によって、「計算についての数学」が整備され、その理論的な副産物として、現代のデジタルコンピュータの数学的な基礎が構築された。

数学の形式化、公理化は、数学から身体をそぎ落とし、物理的直観や数学者の感覚などという曖昧で頼りないものから自立させていこうとする大きな動きの帰結である。そうした時代のうねりが頂点に達した二〇世紀の半ばに、身体を完全に失った「計算する機械」としてのコンピュータが誕生したのだ。

## III　計算する機械

### 心と機械

アラン・チューリングがケンブリッジ大学のキングス・カレッジに入学したとき、ヒルベルト計画はすでにゲーデルの発見によって暗礁に乗り上げていた。それでも、大学の講義でヒルベルト流の「超数学」の世界に触れる機会のあったチューリングは、その瑞々しい感性で、数学について数学的に語るヒルベルトの方法に、計り知れない可能性を見出した。

そもそもチューリングの数学研究への情熱の背景には、それを駆動する原体験がある。

彼は大学に入学する以前、規律の厳しい全寮制の公立学校に通っていた。そこで一つ年上の先輩に、密かな恋情を寄せていたのだ。相手の名前はクリストファー・モーコム。チューリングに勝るとも劣らない頭脳を持つ科学少年である。シャイなチューリングは、数学や科学の話題をきっかけとして彼に接近しようと試みた。二人で数学の問題を出し合ったり、互いに解き方を見せ合ったりするひとときが、彼にとっては無上の喜びで、少しずつ二人の間の距離も縮まり、化学の実験を一緒にしたり、物理法則や夜空に浮かぶ星々について語り合うようにもなった。モーコムがトリニティ・カレッジを受験したときには、離れたくない一心で、一つ年下なのにもかかわらず、同じ年に受験までした。残念ながらチューリングは落ちてしまうのだが、翌年こそは同じキャンパスに通うのだと意気込んでいた。

ところが幼少期に牛結核に感染していたモーコムは、大学入学を迎える前に亡くなってしまう。突然の出来事に呆然とするチューリングを、モーコムの母が何度か自宅に招待したそうである。チューリングはその度に、モーコムが使った寝袋で眠った。そうしていると、そこにモーコムの「魂（spirit）」が漂っているかのように感じられたという。

そもそも物理学が描くように、人間もまた自然法則に従う一つの「機械」に過ぎないのだとしたら、どうしてそこに自由な意志を持つ「魂」が宿るのか。意志や魂という概念を、どうすれば物理的世界の科学的な記述と調和させることができるのか。こうした一連の問いが、次第に彼の頭を支配していく。

「心」の世界と「物」の世界の折り合いは、いかにしてつけられるのか。こうした一連の問いが、次第に彼の頭を支配していく。

少年時代から科学の才能に恵まれていたチューリングは、なぜ論理学の道を選んだのだろうか。当時の論理学はまだ発展の途上にあり、ケンブリッジにも論理学の専門家はほとんどいない状況である。ましてや大学入学前から相対論や量子力学を熱心に学んでいた少年なのだから、普通に考えれば、物理の道に進むのが自然だろう。

どうやらチューリングは、「心」と「機械」を架橋する手がかりを、数理論理学の世界に見出したのである。計算や証明による記号の操作を「心」の問題に関連づける視点は、当時としてはかなりユニークで、この着想にすでにチューリングの独創性が現れている。

計算や証明は記号や文字を使って紙などに書かれる、顕在化した数学者の思考である。それは、数学者の心の働きの表出である。ヒルベルトはそれ自身をひとつの対象として、組織的に研究する方法を編み出した。人の心の本質を科学的に理解したいと願ったチューリングが、ヒルベルト流の「数理論理学」の世界に惹かれたのも、まったく故なきことではない。そこには、心の働きを対象化して科学的に研究するための、方法論のヒントがあったのだ。

チューリングは実際、自らの選択した進路の正しさを、生涯を通して実証していく。計算や論理についての原理的な考察によって、「機械」の方から「心」の方へと迫る道筋が、少しずつ開けていくことになる。

## 計算する数

一九三六年の春、チューリングは「計算」の歴史の転換点となる画期的な論文を書き上げる。『計算可能な数について、その決定問題への応用とともに』[23]と題されたこの論文の中で彼は「計算」という行為の本質を数学的に抽出し、「計算可能性（computability）」という概念に明快な定式を与えた上で、「ヒルベルトの決定問題」と呼ばれる数理論理学の未解決問題を鮮やかな方法で解決してみせた。

人間と計算の歴史は長いが、チューリングの時代以前に「計算」について厳密に語るための数学的な言葉はなかった。「計算する」だけでなく「計算について数学的に語る」ためには、「証明について数学的に語る」のと同様に、数学の言語体系そのものの大幅な洗練を待つ必要があったからだ。ヒルベルト以後に生まれたチューリングは、その土壌がようやく整いつつあるところに登場した。

それでは「計算可能」とは、どういうことか。彼はまず、計算する人間の振る舞いに注意を向ける。

> 実数を計算している人間は、「$m$-状態」と呼ばれる有限個の状態 $q_1$、$q_2$、……$q_R$ のみを取り得る機械になぞらえることができる。この機械には（計算用紙に相当する）〝テープ〟が搭載されていて、その機械を通過していく。

彼は計算する人間の振る舞いをモデルとした、ある仮想的な機械を考えたのだ。のちに「チューリング機械」と呼ばれるこの機械には、いくつかの「マス目」に仕切られたテープが搭載されていて、機械はそのテープに記号を書いたり、消したり、テープを左に移動させたり右に移動させたりする。できることはこれだけだが、人間の「計算者(computer)」にできるいかなる計算も、原理的にはこの機械によって実現できるはずだ、と彼は考えた。

続けて論文の中で彼は、いかなるチューリング機械によっても決して解くことのできない具体的な問題をつくってみせる。チューリング機械があらゆる「計算」を体現しているのだとすれば、彼はこれによって、いかなる計算によっても解けない問題があることを示したことになる。それは計算という行為に潜む本質的な限界を示す、鮮烈な結果だ。[24]

が、結果以上に重要なのは、彼の議論の過程そのものである。チューリングは自ら考案した機械の定義を精査して、一つ一つのチューリング機械が、本質的には一つの数に置き換えられることを示す。これによって〝数〟は、チューリング機械によって「計算される」だけでなく、チューリング機械として「計算する」ものでもあるという両義性を獲得した。チューリングは、自ら数に与えたこの両義性を巧みに使って、あらゆるチューリング機械の動作を模倣できる「万能チューリング機械」を理論的に構成してみせた。「万能」という名の通り、それはありとあらゆるチューリング機械の動作を一手に引き受けるチューリング機械である。一つ一つの計算のために別々のチューリング機械をつくる必要はなく、万能チューリング機械があれば、あらゆる計算がその一台で実現できる。

たとえばパソコンやスマートフォンは、万能チューリング機械を物理的に実現したものだ。だからこそ、それ一つあれば、四則演算のみならず、メールの送信やニュースの閲覧、情報の検索や家計簿の記帳など、何でもできる。こうした「万能性」を持つ計算を、初めて数学的に構成してみせたのが、チューリングの一九三六年の論文だったのだ。

チューリングは数学の歴史に、大きな革命をもたらした。

〝数〟は、それを人間が生み出して以来、人間の認知能力を延長し、補完する道具として、使用される一方であった。算盤(アバカス)の時代も、アルジャブルの時代も、微積分学の時代においても、数は人間に従属している。数はどんなときにも、数学をする人間の身体とともにあった。

チューリングはその数を人間の身体から解放したのだ。少なくとも理論的には数は計算されるばかりではなく、計算することができるようになった。「計算するもの(プログラム)」と「計算されるもの(データ)」の区別は解消されて、現代的なコンピュータの理論的礎石が打ち立てられた。

　ところでこの時点では依然として、チューリングの「機械」と人間の「心」の間には、埋めがたい溝がある。もともとチューリングは、紙と鉛筆を使って計算する「計算者」をモデルにチューリング機械を考えた。それは人間の数学的思考の中でも最も機械的な部分を模倣しているに過ぎない。そんな機械の限界については、誰よりもチューリング自身が熟知していた。

　一九三八年にプリンストンで受理された博士論文『順序数に基づく論理の諸体系』[25]の中で彼は、チューリング機械には計算できない手続きを実行できる「オラクル（神託）」という概念を持ち出している。オラクルは、いわば数学者の直観やひらめきに対応していて、オラクル付きのチューリング機械（＝O機械）は、計算途中でオラクルに問い合わせを行い、その結果に基づいて計算をすることができる。彼はこうして拡張されたチューリング機械の持つ数学的な性質について調べるのだが、オラクルそのものの動作原理については明らかにしていない。

　人間の知性には直観やひらめきなど、チューリング機械の動作に還元できない要素がある。チューリングはそれを差し当たりオラクルという「括弧」にくくったのだ。

物理では説明できない心の神秘が「魂」の問題として残されたのと同様に、チューリング機械では捉えられない知性の直観的な側面が、オラクルとして彼のモデルの中に残った。

説明できることと説明できないこと、科学的に語れることと語れないこと、その境界を冷静に見極めた上で、説明可能な部分から慎重に着手していくのがチューリングのスタイルだ。魂も直観も、この時点では依然として「説明不可能」な聖域として、彼の中では手付かずのままに残されている。のちに彼は「機械によって知性を構成する」という夢を抱き、世界で最初の人工知能研究者になるのだが、この段階ではまだ、そんな過激な思想は姿を現していない。

そんな彼の運命を変えたのが、戦争である。

## 暗号解読

プリンストンへの留学を終えて再びケンブリッジに戻ったチューリングは、一九三九年九月四日、政府の決定によりバッキンガムシャーのブレッチリー・パークに招聘される。英仏がナチスドイツに宣戦布告をした翌日のことである。

ここでの彼の任務はナチスドイツの悪名高い「エニグマ暗号」を解読することであった。エニグマはもともと商用に開発された暗号機で、暗号化のプロセスを電気的な仕掛けで自動化することによって、従来にはない複雑な暗号を簡単に生成することを可能にしていた。ナチスドイツはこれを独自に改良してさらに安全性を高め、軍事的な情報の機密を守る手段として用いていたのである。その「鍵(かぎ)」と呼ばれる可能な暗号化の組み合わせの総数は、一五九、〇〇〇、〇〇〇、〇〇〇、〇〇〇、〇〇〇、〇〇〇通りを超え、組織的な解読は絶望視されていた。

ところが、チューリングが中心となって設計をした「チューリング・ボム[26]（Turing Bombe)」という機械によって、膨大な鍵の可能性の中から、正しい鍵を高速で無駄なく検索することが可能になった[27]。そうして少なくとも一九四三年には、毎月八万四千という大量の通信文がブレッチリー・パークで解読されるようになったのである。

暗号解読の過程は、人間の「心」が生み出すひらめきや洞察と、「機械」による愚直な探索とのコラボレーションそのものだった。それはチューリングにとって、「心」と「機械」の間に、新たな橋が架けられていくような、目の覚める経験だっただろう。

何より、巧みに設計された機械は、ときに人間の推論よりもはるかに優秀な能力を発揮することを、彼は目の当たりにする。その体験は、チューリングの機械に対する信頼を決定的なものにした。

実際彼は、ボムによるエニグマの組織的な解読が初めて成功した一九四一年に、「機械の知能（machine intelligence）」について論じたテキストを書き、それを同僚たちに配付している。残念ながら現存しないが、これが「人工知能」に関する世界で最初の論文であることはほぼ間違いない。この中で彼は「経験から学ぶ機械」という着想を早くも披露していたことがわかっている。暗号解読の成功を契機にはじめて彼は、「機械」の方から「心」に迫ろうという壮大な企図に、確かな可能性を感じ始めたのだ。

ボムによるエニグマ解読に目処が立つと、続いて一九四二年の夏、チューリングはブレッチリー・パークの研究部門に異動になる。そこで彼に与えられた次なる仕事は、「タニー（Tunny）」というコード名で呼ばれた新しいドイツ軍の暗号の解析である。タニーはエニグマとは根本的に違う仕様で、理論的にも洗練されていたが、彼は数週間のうちに「チューリング式（Turingery）」と呼ばれる技法を編み出し、またしても大きな貢献をする。まもなくビル・タットという若き数学者がこれを手掛かりにして系統的な解読法を生み出した。その方法を遂行するために、膨大な機械的手続きを高速で処理する必要があったため、真空管を大量に使った全電子式のコンピュータがつくられることになる。それは「コロッサス（巨像）」と命名されて、一九四四年一月にブレッチリー・パークに運び込まれた。まもなく、タニーの解読量は、凄まじい勢いで増えていく。

コロッサスはその名の通り巨大な図体で、重さは一トンもあったが、あくまでタニーを解読するための専用の機械で、チューリングの意味での「万能性」は兼ね備えていない。それでもこの新しい機械を見たチューリングは、「万能チューリング機械」が実装される日が目前に迫っていることをいよいよ確信したはずである。

## 計算する機械の誕生

戦後一九四五年にチューリングは英国国立物理学研究所（National Physical Laboratory，NPL）の数学部門に雇われて、さっそく万能チューリング機械を具現化すべく「自動計算機関（Automatic Computing Engine，ACE）」の設計に携わる。製作のために彼が書いた提案書『電子計算機の提案』には、製作費用の見積もりを含む技術的な詳細のみならず、サンプルプログラムまでついていた。

だが残念なことに、NPL組織内部の主に人事的な問題が障壁となって、ACEの製作は思うように進まなかった。そうこうするうちに、マンチェスター大学の計算機械研究所のメンバーに先を越されてしまった。一九四八年六月二十一日、小型とは言え、世界で最初の汎用プログラム内蔵式コンピュータである「SSEM（Small-Scale Experimental Machine，小規模実験機）」、通称「ベビー」の上で、最初のプログラムが動いたのだ。このプロジェクトを主導していたのは、かつてチューリングを数理論理学の世界に導いたケンブリッジ時代の恩師、マックス・ニューマンである。チューリングの論文から十二年、彼の構想した「万能計算機械」が、ついに現実となって動き出したのだ。


すでに何度も強調してきた通り、人間の数学的思考は、ほかのあらゆる思考がそうであるように、脳と身体と環境の間を横断している。脳の中だけを見ていても、あるいは身体の動きだけを見ていても、そこに数学はない。脳を媒介とした身体と環境の間の微妙な調整が、数学的思考を実現している。

一方で、個人的な空想や妄想とは違い、数学的思考のかなりの部分が顕在化していることも事実である。古代ギリシア人にとっての幾何学的な図や、近代以降の数学者にとっての数式、あるいは文字で書き下された証明がそうであるように、数学者は様々な道具の力を借りながら、多くの思考を身体の外で行っている。

ヒルベルトは言語的に書き下された証明の性質に注目し、その本質を取り出すことで、「証明」を新たな数学的対象に仕立て上げた。チューリングは、行為として現れている「計算者」の動作に注目して、それをモデル化することで「計算」それ自体を数学的な対象に仕上げてしまった。彼らは「証明」や「計算」という形で外に吐き出された数学的思考をうまく切り出し、記号化し、それ自体を対象化することで、実り豊かな数学分野を立ち上げた。のみならず、チューリングが編み出した仮想的な機械は、戦時中の様々な要請と符合する形で、チューリング自身の手によってではないものの、物理的なハードウェアとして実装されるところまできた。「計算」は、数学的研究の対象であるばかりではなく、触って動かすことのできる、物理的な機械になったのである。

問題は、「計算する機械」がどこまで「数学する機械」であり得るかだ。すでに述べた通り、チューリングは「計算」と「数学」の間のギャップを重々承知していた。計算というのは、数学的思考を支えるあくまでひとつの行為に過ぎない。それがすっかり身体の外に現れた行為だからこそ、彼はそれを取り出し、対象化することに成功したのだが、数学的思考はもちろん計算ばかりではない。言葉では言い表せないような直観、意識にも上らないような逡巡、あるいは単純にわかること、発見することを喜ぶ心情。そうしたすべてが「数学」を支えている。

だとしたら、「計算する機械」と「数学する機械」の間には、あまりにも絶望的な距離がある。そう考えるのが普通ではないか。

チューリングは必ずしもそうとは考えていなかった。あらかじめ決められた通り、愚直に動き続けるだけの機械が、暗号解読において驚くべき貢献をした。それはまだまだ遠く人間の知能には及ばないけれど、人間の創造的思考を目指す出発点としては悪くない場所である。彼は、そう考え始めていた。「計算する機械」から出発して、それを少しずつ改良していけば、やがては「数学する機械」も、あるいは数学に限らず、まるで人間のように思考する機械も作れるかもしれない。チューリングの心の中に芽生えた「人工知能」の夢は、このあとますます膨らんでいくことになる。

## 「人工知能」へ

一九四八年にＮＰＬ所長チャールズ・ダーウィンに宛てた報告書『知能機械（Intelligent Machinery）』の中でチューリングは、知的な機械を生み出すための具体的なアイディアを披瀝している。中でも特筆すべきは、ここで彼が「経験から学べる機械」のモデルを提案していることである。

チューリングはこの報告書の中で、「神経系の単純なモデル」ともみなせる、いくつかのユニットのネットワークから構成された機械のモデルを考案している。その上で、そうしたネットワーク状の機械が、干渉を受けて自己変更をしながら、意図する機能を有するように「組織化（organize）」していく過程を描写する。ここには現代的なニューラルネットワークによる機械学習を彷彿させるアイディアがある。[28] チューリングは戦後かなり早い段階で、知的な機械をつくりだすために「学習」のメカニズムが必要であることを見抜き、そのためのアルゴリズムまで研究していたのだ。

「工場から出てきたばかりの機械に、大学を卒業した人と同じ条件で肩を並べるのを期待するのは不公平というものである」とチューリングはいう。なぜなら人間は、二十年以上他者と接する中で大いに外部からの影響を受け、それによって行動のルールを繰り返し書き換えさせられているからである。知的な機械をつくろうとするならば、機械もまた、そうした干渉に対して開かれていなければならない。つくるべきは大人の脳ではなく、幼児の脳のような、学びに開かれた機械である。そうチューリングは考えた。

これほど重要な論文が、NPL所長のダーウィンに「小学生の作文」と評され「出版に値しない」として相手にされず、結果として二十年も葬(ほうむ)り去られていたことは、残念としか言いようがないが、この論文こそ、人工知能の最初のマニフェストとも呼ぶべき画期的な論考である。

## イミテーション・ゲーム

一九五〇年に発表された論文『計算機械と知能』[29]の中で、チューリングは次のような「ゲーム」を提案している。

参加者は三人。一人は男性(A)、一人は女性(B)、もう一人は男女どちらでもよい質問者(C)である。質問者は、他の二人の姿が見えない壁で隔てられた部屋にいて、声が伝わらない手段によって、AやBに質問をする。

質問者の目標は、他の二人の性別を当てることである。一方、Aの役割は、女性を演じて質問者を騙すこと、Bの役目は、素直に応答して質問者に協力すること（つまり自分が本当に女性だとアピールすること）だ。

チューリングはこれを「模倣ゲーム」と命名した。

彼は次のように問う。このゲームにおいて機械がAの役をしたとき、何が起こるだろうか、と。つまり壁を隔てた向こうの男女の代わりに機械と人間がいて、質問者はそのどちらが人間かを当てようとするのだ（図6）。このとき、「男女のゲームと同じくらいの頻度で、質問者が間違った判断をしてしまう機械を作ることは可能だろうか」。要するに「模倣ゲーム」において、人間を演じきる機械を作ることはできるだろうか、とチューリングは問うのだ。

このときすでにチューリングは、機械がいずれ知能を持つ可能性があると感じていた。それでは、何を以て「機械が考え始めた」というべきか。それはいまひとつ判然としない。そもそも「機械」や「考える」という言葉を定義すること自体が容易ではない。

哲学的な問いを、科学的に意味のある問いに置き換えて思考するのが、チューリングの流儀である。「機械は考えることができるか」という漠然とした問いを彼は、「模

図6　チューリング・テスト

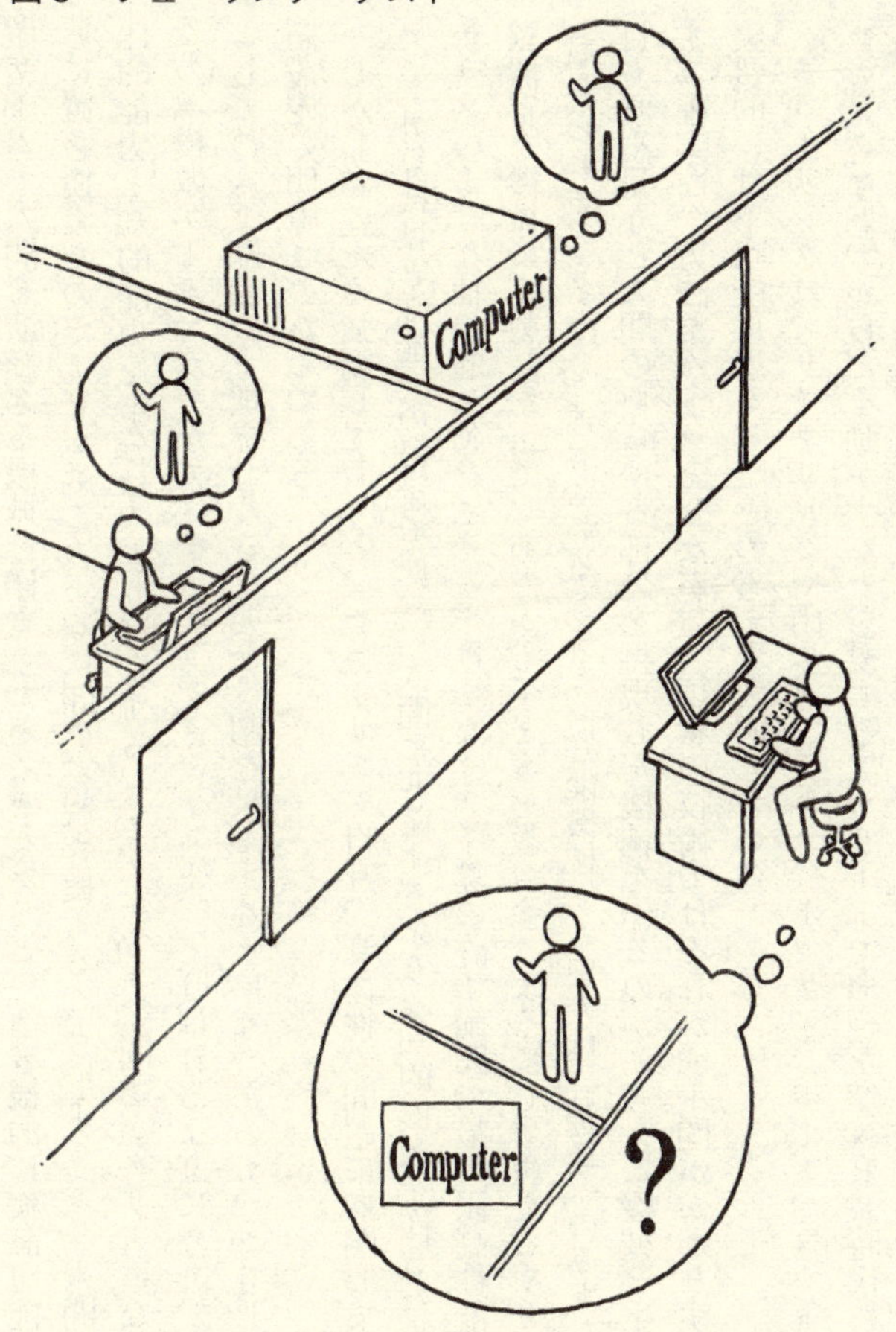

倣ゲームで人間を演じきる機械を作ることができるか」という客観的に検証可能な問いに置き換えたのだ。しかもこのように問いを置き換えることによって、「人間の身体的能力と知的能力を十分はっきり区別する」[30]ことができ、問題がクリアになる。この「模倣ゲーム」がやがて「チューリング・テスト」と呼ばれるようになり、科学としての人工知能の下地をつくる重要な役割を果たすことになったのも、こうした課題設定の明瞭さのためである。

しかし念のため強調しておくと、チューリング自身、身体性の問題に無関心ではない。『計算機械と知能』の最後で彼は、人間に匹敵するような知的機械を作るために、チェスのような抽象的活動をさせるだけでなく、予算の許す範囲で最大限高性能の感覚器官を機械に搭載した上で、あたかも子どもを教育するようにして教えるやり方も「試みられるべきだ」と述べている。また『知能機械』の中では、神経系のみならず、目や耳や足など人間のあらゆる部分を再現した機械を作るのが「考える機械を生み出す〝確実な〟方法だろう」としながら、現状の技術ではそれが「手間がかかりすぎて実質的には不可能に思える」との考えを表明している。

チューリングは、サイクリングや山歩き、テニス、ホッケー、ボート、ヨット、ランニングなど、からだを動かすことを愛するアスリートであった。NPL時代には、トミー・フラワーズの研究所を訪ねるために二十五キロの道を走ったり、ときには母のところへ昼食を食べに行くためだけに三十キロ近い道程を走ってしまうこともあった。マラソンの実力も玄人（くろうと）はだしで、一九四八年のロンドン・オリンピックの選手選考予選（一九四七）では国内五位に入り、臀部（でんぶ）の怪我（けが）さえなければ、オリンピック選手候補として応募する予定だったほどである。

そんな彼が身体性と知能の関係に関心を持たないはずがない。チューリング・テストにおいてひとまず身体の問題を捨象したのは、あくまで具体的に取り扱える問題から順番に取り組んでいくという、チューリングらしい科学的な態度と慎重さの表れとみるべきだろう。

## 解ける問題と解けない問題

チューリングは、自分の心に照らして明らかに真実と思えること以外は決して信じようとしない人だった。そこに「空気を読む」という発想は微塵（みじん）もない。

何事も原理的に思考する性格は、科学者としては誇るべき美徳だが、社会との摩擦を生むこともしばしばだった。たとえば第二次大戦のさなか、国民防衛軍（Home

Guard）への入隊を志願したチューリングは、「国民防衛軍の地域部隊に登録することは、責任を持って軍事訓練をすることであると理解しているか」という質問に対して、入隊を希望する正式な文書の中で「ノー」と答えた。

単純にライフル銃の扱い方を身につけたかっただけの彼は、その質問にイエスと答えることが、いかなる条件においても自分のためにならないと判断したのだ。ひとたびライフル銃の使い方を覚えると、たちまち訓練に関心を失い、日々の行進などに参加することを止めた。そんな態度が指揮官の怒りを買い、ついには法廷に呼び出されてしまう。

「チューリング二等兵、あなたは最近の八回の行進に一度も参加していないというのは本当かね」

「はい」

「これが非常に重大な違反であることはわかっているのか」

「いいえ」

「チューリング二等兵、あなたは当方をからかっているのか」

「いいえ。しかし私の国民防衛軍の登録申請書に、自分が軍事訓練に参加することに同意しないと書いております」
申請書が持ってこられ、それを読んだフィリンガム大佐は激怒して、
「おまえは間違って入隊したんだ、すぐに出て行け！」と言うのがやっとだった。
（『チューリング　情報時代のパイオニア』B・ジャック・コープランド）

このエピソードは笑い話だが、彼と社会の間には、ときに笑えないような激しい衝突が生まれることもあった。

一九五一年の暮れ、チューリングの家に泥棒が入った。彼はすぐに警察に報告をして、ついでに犯人に心当たりがある旨（むね）を伝えた。その犯人はおそらく数日前に出会った友人の男で、自分とその男はこれまでに「三回セックスをした」と、チューリングは警官の前で正直に告白をする。国民防衛軍の入隊志願書に「ノー」と書いたときと同じように、彼は平然と事実を打ち明けただけのつもりだったのだろう。

ところが、チューリングはすぐさま「著しい猥褻（わいせつ）」の罪で起訴され、十二ヶ月にわたる保護観察処分と、女性ホルモンの大量投与による「治療」を言い渡される。当時イギリスで同性愛は厳しく法律で禁じられていたからだ。戦争の終結を二年から四年早めたことで事実上一千万人以上の命を救ったとも言われる英雄に対して、あまりに

も酷(ひど)い仕打ちである。

チューリングは、この理不尽な逆境を前向きに乗り越えようとした。こんなのは「お笑いぐさ」だと言って、保護観察期間中から、変わらず精力的に研究に取り組んだという。

チューリングの次なる関心は、生物の成長の仕組みを解明すること。マンチェスターの計算機を使って、現在では「反応拡散系」と呼ばれる化学反応のシミュレーションに熱中した。その一連の研究は、現代の生物学にも大きな影響を与えている。晩年の研究の全容は、いまだに解明されていないものの、彼の関心が生物学へと向かった動機の一つは、ニューロンの成長過程を理解することにあったと思われる。脳もまたある種の計算機だとして、それはデジタルコンピュータとどのように異なっているのか。それはいかなる仕組みで作動する「機械」なのか。そのことを究明するために、生物学的レベルでニューロンの構造を解明しようと目論んでいたのではないだろうか。いずれにしても、チューリングの前途は計り知れない可能性に満ちているはずだった。

ところが、終局はにわかに訪れる。

一九五四年六月八日、チューリングは自宅のベッドで死亡しているところを家政婦のクレイトン夫人に発見された。枕元にはかじりかけのリンゴがあり、口からは白い泡が出ていて、青酸の特徴である苦いアーモンドの香りがした。

イギリスの大手新聞社が間もなく「青酸を飲み込むためにリンゴを使った」自殺であるともっともらしく報じたが、実際にはリンゴに青酸が含まれていたことすら、誰も確かめてはいない。自殺を裏付ける有力な証拠があるわけではなく、他殺や事故の可能性もあり、真相はいまだ不明のままだ。

四十二歳を迎える直前の、あまりにも唐突な死であった。


チューリングが生前、最後に発表した論文は『解ける問題と解けない問題』[31]と題されている。彼はその中で、数々のパズルを紹介しながら、任意のパズルが解けるかどうかを判定するような機械的手続きは存在しないと、論じている。解けるパズルが「解ける」のだということは、そのパズルを実際に解いてみせることによって示すことができる。ところが、パズルが「解けない」ことを立証するのは、必ずしも容易ではない。

解けるパズルと解けないパズルを、あらかじめ機械的にふり分けることができれば、人は「このパズルは本当に解けるのだろうか？」と悩む必要はなくなるが、そうしてすべてのパズルを、あらかじめ一挙に峻別するようなアルゴリズムは存在しないと、チューリングはこの論文の中で説いているのだ。男女や、機械と心の区別が自明でないのと同様に、解けるパズルと解けないパズルの境界も、そう簡単には判定できない。数学が人の心を惹きつけてやまないのも、それが、解けるか解けないか、あらかじめ判定できないような「パズル」に満ちているからである。

チューリングの心を魅了したのは、いつも「解けるかどうかがわからないパズル」であった。「計算」から出発して、人間知性の神秘へと迫っていこうとしたチューリングは、はたして解けるパズルを解こうとしていたのか。それは誰にもわからない。しかし彼が、いかなる難問を前にしても、常に「解ける」方に賭けて挑み続けたことだけは確かだ。不安の中に、すなわち間違う可能性の中にこそ「心」があると、彼は誰よりも深く知り抜いていたからである。

*　*　*

端的に方程式を解くことを目指したアルジャブルやコス式の代数の時代から、そもそもどのような方程式が解けてどのような方程式が解けないのかを問う発想への移行。個別の具体的な作図が問題とされた古代の数学から、あらゆる問題を解く普遍的な方法を追求する数学への移行。数学の近代化の過程は、普遍性への強い情熱によって駆動され、数学が扱う対象のメタ化が進んだ。

やがて、数学から曖昧で頼りない身体をそぎ落とし、より普遍的な原理によって基礎付けられた自律的な体系として打ち立てようとする探求が始まる。結果として二〇世紀になると、「証明」や「計算」という行為そのものを対象化し、それについて数学的に研究する方法が開発された。数学を身体から切り離して徹底的に記号化することで、数学という営みの本性を数学的に研究するという、新たな可能性が開かれたのだ。

その壮大な企ての副産物として、コンピュータが産み落とされた。行為としての「計算」が、身体から切り離され、それ自身の自律性を獲得したとき、それは身体を持たない機械として動き出したのである。

こうして生まれた「形式系」や「コンピュータ」は、いずれも人間的直観に依存しない、高度な自律性を目指して設計されている。それは、血の通った人間的な数学と比べると、空疎なようにも見えるかもしれない。だが、必ずしもそうとは言い切れない。

ヒルベルトによって生み出された証明についての数学（証明論）は、現在も多くの人によって研究されており、証明たちが織りなす世界がそれ自体豊かな数学的「内容」を持つことは、いまや疑いようもない。チューリングが生み出した機械も、生活の至るところに浸透し、人工知能はもはや理論的な夢ではなく、実践的な技術になった。コンピュータと人の距離はますます縮まり、それは必ずしも無味乾燥で殺伐とした「物」とも言い切れなくなってきている。

身体から切り離された「形式」や「物」も、それと人が親しく交わり、心通わせ合っているうちに、次第にそれ自体の「意味」や「心」を持ち始めてしまう。

物と心、形式と意味は、そう簡単には切り離せないのだ。

# 第三章　風景の始原

「万葉」の歌人等は、
あの山の線や色合ひや質量に従つて、
自分達の感覚や思想を調整したであらう。[1]

——小林秀雄

「数学とは何か」「数学にとって身体とは何か」を問う私の探求の原点には、岡潔（一九〇一―一九七八）という数学者との出会いがある。

大学に入って間もない頃のことだ。私はたまたま通りがかりの古書店で、『日本のこころ』という本に巡り合った。それは岡潔の代表的エッセイを編んだ選集で、当時すでに絶版の文庫版だったが、タイトルといい、本の体裁といい、とても数学の本には見えなかった。難解そうな数学書の並びの中で、ひときわ不思議な魅力を放っていた。

その頃私は、文系の学部に所属していて、まさか自分が数学に夢中になるとは思ってもいない。だが、振り返ればあの日に私は後戻りのできない数学の道への最初の一歩を、確かに踏み出していたのである。

大学には数学好きの友達がいて、いつも私にいろいろなことを教えてくれた。中でも彼が聞かせてくれる、数学者の奇抜で型破りなエピソードは、格別に面白かった。

素数の研究に夢中になるあまり、服を着るのを忘れたまま登校してしまった先生の話とか、普段の授業があまりにも完璧なので、授業中に一瞬行き詰まっただけで「あの先生が止まったぞ！」と教室全体が沸いた話とか、にわかには信じがたいような、愉快な話がたくさんあった。

アルキメデスやオイラーやガウスのような、過去の偉大な数学者の名前は多少は知っていたけれど、グロタンディークやペレルマン、グロモフやウィッテン、ましてや日本の大学にいる同時代の数学者についてはほとんど何も知らなかった私にとって、刺激的な話ばかりだった。そんな彼のおかげだろうか。岡潔という名前だけは、どこかで聞いた覚えがあったのである。

私はその日手にした『日本のこころ』を、夢中になって読んだ。そこには今まで知らなかった広大な世界が開けているように思われた。それでいて、どこか懐かしいような、前からよく知っている世界のような、不思議な感覚に包まれた。そこには狭い意味での数学を超えて、生きること、あるいは「わかる」ことについて、全身の実感のこもった言葉が並んでいたのだ。

岡潔によれば、数学の中心にあるのは「情緒」だという。計算や論理は数学の本体ではなくて、肝心なことは、五感で触れることのできない数学的対象に、関心を集め続けてやめないことだという。自他の別も、時空の枠すらをも超えて、大きな心で数学に没頭しているうちに、「内外二重の窓がともに開け放たれることになって、『清冷の外気』が室内にはいる」[2]のだと、彼は独特の表現で、数学の喜びを描写する。

私は高校までバスケットボールに夢中だった。勝ち負けよりも、無心で没頭しているときに、試合の「流れ」と一体化してしまう感覚が好きだった。バスケに「真実」というものがあるとすれば、それは正しい理論を身につけることでも、戦術をたくさん覚えることでもなく、ただバスケという行為に没入しきって「体得」するほかないものだと感じていた。

岡潔の言葉を読んでいると、なぜか不思議と、バスケに捧げた日々を思い出した。この人にとって数学は、全心身を挙げた行為なのだと思った。頭で理屈を捏ねることでも、小手先の計算を振り回すことでもなく、生命を集注して数学的思考の「流れ」になりきることに、この人は無上の喜びを感じていることが伝わってきた。

私は、岡潔のことをもっと知りたいと思った。彼が見つめる先に、自分が本当に知りたい何かがあるのではないかとも思った。簡単に言えば、「この人の言葉は信用できる」と直観したのだ。

数学と身体を巡る私の旅も、ここから始まったのである。岡潔の語る数学は、それまで私が知っていたものとはまったく違った。そこには、生きた身体の響きがあった。「数学」と「身体」――とてつもなくかけ離れて見えるこの二つの世界が、実はどこか深くで交わっているのではないか。その交わる場所を、この目で確かめたいと思った。ならば、数学の道へ分け入るしかない。私は、数学を学ぶ決心をした。

## 紀見峠へ

それからおよそ五年の月日が流れた頃、私は岡潔の故郷を訪ねてみようと思い立った。数学の道は想像していた以上に険しく、食らいつくだけで必死だったが、それでも岡潔の言葉に惹かれる気持ちは変わらない。数学という行為を通して窮屈な心を解き放ち、なんとかして「清冷の外気」に触れてみたいと、ますます強く願うようになっていた。

京都から高野山への参詣道としてかつて賑わった東高野街道に沿って、大阪から和歌山に入るちょうど県境のところに「紀見峠」がある。ここで岡潔は幼少時代を過ごし、また大学を去った後、家族とともに籠って、数学研究に耽ったのである。

南海高野線の紀見峠駅を降り、通りがかりの人に道順を聞きながら、私は峠へと歩いた。

「峠」という字は中国で生まれた字ではなく、日本人がつくりだした国字だそうだ。それは「山の頂」という客観的な最大値ではなく、厳しい「上り」がひと段落して、これから「下り」にさしかかっていくという山中の旅人の実感につけられた名称である。紀見峠にさしかかった往年の旅人たちは、峠から見晴らす風景に癒(いや)され、激励されるようにして、旅の続きへと向かっていったのだろう。

紀見峠には、そんな彼らにしばし休息のときを提供する旅籠(はたご)がいくつも軒を並べていたらしい。そのひとつに「岡屋」があった。明治初期までそこを営んでいた岡文左衛門のひ孫にあたるのが岡潔である。

今となってはいくつかの民家が並ぶだけで旅籠は残っていないが、古い高野街道と国道の中間地帯のがけのところにかつての岡家の敷地があり、そこに「岡潔生誕の地」と刻まれた立派な石碑が建てられている。

## 数学者、岡潔

岡潔は稀有な数学者である。一九〇一年に生まれ、数学を志し、京大を卒業後はそのまま講師となり、やがてパリへ留学、帰国後に広島文理科大学助教授就任と順当に数学者への道を歩んだ。ところが、一九三〇年代後半を境に突如として世間との交渉を断ち、故郷の紀見村に籠って、すべてを数学研究に捧げるようになる。職を捨て、食べる物も住む場所も着る物も顧みず、わずかな奨学金を頼りに、ひたすら農耕と数学に耽った。妻と子供三人を持ちながらその生き方を貫いた岡は、明らかに常人離れしている。

本人は、天才と呼ばれるのを嫌ったという。人は生まれつき特別なわけでも、生まれつき常人離れしているわけでもない。好きで世間を超出したり、しなかったりするのでもない。ただ人それぞれ、その人固有の生涯の縁に従って生きるだけだ。

岡潔は、止むに止まれぬ情熱に突き動かされるようにして、「多変数解析関数論」の未開の領野を切り開いた。三十五歳の時に発表した第一論文を皮切りに、生涯で十篇の論文を著した。

僅かに十篇である。毎年何本も論文を発表する数学者も珍しくない中で、後世にこれほど高く評価されている人としては、例外的に少ないと言っていいだろう。が、その論文の少なさと内容の濃さとは、「本質的(エッセンシャル)な結果以外は発表しない」という、岡潔の徹底した美意識の帰結でもある。

岡の理論はヨーロッパの数学者たちの手によって抽象化され、現代数学の理論的基盤を支える大きな役割を果たしていくことになる。海外からの評価が高まるにつれ、国内でも名声が高まり、やがて一九六〇年に文化勲章を受章すると、世間からの注目を一層浴びて、執筆や講演の依頼が殺到した。

私たちがいま岡潔の言葉に触れることができるのは、この頃の著作を通してである。特に、一九六二年の毎日新聞紙面上で行われた連載「春宵(しゅんしょう)十話」は単行本化されるとたちまちベストセラーとなり、彼が発する詩的で深遠な言葉の数々に、多くの人が心奪われた。

## 少年と蝶(ちょう)

「岡潔生誕の地」の石碑から引き返し、山側に向かって少し上がったところに、小さな墓地がある。そこにいまも、岡潔と妻のみちが眠っている。

墓地の斜面に立つと視界が開け、紀見の田園風景と、その奥に連なる山々が見晴らせる。これが岡潔の数学を育て、彼の情緒を育んだ風景かと思うと、感慨もまたひとしおである。

岡潔は少年時代、蝶の採集に熱中した。梅雨明けのある日、勇んで捕虫網と青酸加里の瓶を持って家を出た。小学六年の少年は、新しく茂った木の葉の匂いが立ち籠める山道を進み、若葉のトンネルをくぐって山畠へ出た。すると、奥まった所にひときわ太い櫟が甘い樹液を出して昆虫たちを引き寄せている。そこに大型の蝶がとまっていて、閉じていた羽を徐ろに開く。それが山の強い日の光を浴びて、キラッと紫色に輝いた。ずっと捜し求めたオオムラサキだ。あまりの美しさに思わず息をのみ、呆然とただその姿を見守る——このとき岡潔は「発見の鋭い喜び」を初めて知ったと、のちに回想している。

オオムラサキは非常に力強い飛翔力を持っていて、広い谷を苦もなく渡ってしまうのだという。峠から紀見の風景を見晴らしながら私は、懸命に蝶を追う少年の姿をそこに描いた。縦横無尽に軽々と飛ぶ蝶。捕虫網を片手に一心にそれを追う少年。ひらひらと、時折キラッと紫色に輝きながら、少年の心を捕らえて離さない蝶。

花から花へ、木から木へ。あの蝶のように舞うことができたなら、広い谷の向こうもすぐそこに感じられるのだろうか。何メートル先の花もすぐ鼻の先に思えるのだろうか。蝶の行為が、蝶の風景を編むのだろうか。

少年と蝶。二つの風景が交差する一つの風景。それが目の前に鮮やかに浮かんで、また秋風にさらわれるようにして消えた。

## 風景の始原

生物が体験しているのは、その生物からは独立した客観的「環境（Umgebung）」ではなく、生物が行為と知覚の連関として自らつくりあげた「環世界（Umwelt）」である。生物を機械的な客体とみなす行動主義が隆盛を極めた時代に、生物を一つの主体とみなしてこのように論じたのはドイツの生物学者フォン・ユクスキュル（一八六四〜一九四四）だ。

ユクスキュルの発想は素朴である。どんなに美味しいケーキがあっても、獣の血液を追い求めている蚊はそれに目もくれない。ある生物にとって強烈な「意味」を持つ刺激も、ほかの生物にとってはまったく無意味であり得る。私たちはともすると、あらゆる生物が与えられた客観的な環境の中を生きていると思いがちだが、それぞれの生物を取り囲んでいるのは、あくまでもその生物に固有の局所的な世界（＝環世界）である。ユクスキュルによれば、蝶には蝶の環世界があり、蜂には蜂の環世界がある。その著書『生物から見た世界』の冒頭で、ユクスキュルはマダニの環世界を描写している。マダニにとって生物学的に意味を持つのは、周囲からやってくる膨大な情報のうち、ごく一部分だけである。交尾を終えた雌のマダニは灌木の枝先で動物を待つ。そこに、哺乳類の皮膚から分泌される酪酸の匂いが漂ってくると、一か八かで身を投げる。無事獲物の上に着地すると、今度は嗅覚の代わりに熱をたよりに動き出す。なるべく毛のない温かな場所を探し、そこで動物の皮膚の中へと潜り込むのだ。

酪酸の匂い、動物の皮膚の感触と温度、そしてこれらの刺激に駆動されてのいくつかの単純な行為。これがマダニの環世界のすべてである。それ以外の環境の膨大な情報や行為の可能性は、マダニにとっては無意味であるどころか、そもそも存在しないも同然だ。

マダニの環世界を論じるときに、マダニにとって酪酸がどんな匂いや味がするかは問わない。ただ、酪酸が生物学的に重要なものとしてマダニに作用するという事実だけに注目する。そうしてユクスキュルは慎重に、生物学の世界に「生物から見た」視点を導入したのである。

## 魔術化された世界

『生物から見た世界』の終盤に「魔術的環世界」と題された章がある。その冒頭に、ある少女の話が登場する。

その少女はマッチ箱とマッチで、お菓子の家やヘンゼルとグレーテルと魔女の話をしながら一人で静かに遊んでいる。すると突然、「魔女なんかどこかへ連れていっちゃって！　こんなこわい顔もう見ていられない」と叫び出す。この話を紹介しながらユクスキュルは、「少なくともこの少女の環世界には悪い魔女がありありと現れていたのだ」とコメントしている。

この少女の環世界には明らかに、彼女の想像力が介入している。ダニの比較的単純な環世界とは違い、彼女の環世界は外的刺激に帰着できない要素を持っている。それをユクスキュルは「魔術的（magische）環世界」と呼んだ。

この「魔術的環世界」こそ、人が経験する「風景」である。

人はみな、「風景」の中を生きている。それは、客観的な環境世界についての正確な視覚像ではなくて、進化を通して獲得された知覚と行為の連関をベースに、知識や想像力と言った「主体にしかアクセスできない」要素が混入しながら立ち上がる実感である。何を知っているか、どのように世界を理解しているか、あるいは何を想像しているかが、風景の現れ方を左右する。

「風景」は、どこかから与えられるものではなくて、絶えずその時、その場に生成するものなのだ。環世界が長い進化の来歴の中に成り立つものであるのと同様に、風景もまた、その人の背負う生物としての来歴と、その人生の時間の蓄積の中で、環境世界と協調しながら生み出されていくものである。

そうして私たちは、いつでも魔術化された世界の中を生きている。いや、絶えず世界を魔術化しながら生きている、と言った方が正確だろうか。

数学もまた、数学に固有の風景を編む。歴史的に構築された数学的思考を取り巻く環境世界の中を、数学者は様々な道具を駆使しながら行為(=思考)する。その行為が、新たな「数学的風景」を生み出していく。

デカルトが見た幾何学の風景、カントールやデデキントが見た連続体の風景、岡潔が見た多変数解析関数論の風景。数学者の前には、常に風景が広がっているのであって、彼らはそれに目を凝らし、それをより精緻(せいち)なものにせんと、まるで風景に誘われるようにして、数学をするのだ。

数学者とは、この風景の虜(とりこ)になってしまった人のことをいう。

## 不都合な脳

進化的に獲得された知覚や行為、知識、想像力などが複雑に絡み合いながら、私たちの経験する「風景」はつくられる。何かを知ること、何かに出会うことは、すべてこの「風景」の中の出来事である。

数学の場合も例外ではない。たとえば「2」という数字を思い浮かべてみる。それは個々人の前に広がる「風景」の中で、何かしらの実感を帯びた対象として現れるだろう。私たちは、純粋に主観の排除された「2」そのものを経験することなどできない。あらゆる数学的対象は、「風景」の中に立ち現れるのだ。

このことを、別の観点からもう少し詳しく検討してみることにしよう。

fMRI技術の進歩も手伝って、数学的思考に伴う脳活動についての認知神経科学的な研究が近年目覚ましい進展を見せており、脳と数学的思考の関係が、少しずつ明らかにされている。

脳の中で、数の認知と特に深い関係があるとされているのが、脳の後部にある「頭頂間溝」の一部で、認知神経科学者のスタニスラス・ドゥアンヌによって「hIPS (the horizontal segment of the bilateral intraparietal sulcus)」と名付けられている領域だ。ここが数の、特に量的な側面と関係すると考えられている。

ドゥアンヌの著書 *"The Number Sense"* (Revised & Expanded Edition) によると、hIPSは、複数の点を見せられたときも、アラビア数字の「3」を見せられたときも、「さん」という言葉を聴いたときにも活動するという。[3] 書かれた数だろうが、声に出された数だろうが、その提示される感覚の種類によらずに反応するということである。

反応の強度は、数字の大きさや、数字どうしの隔たりの大きさに応じて変動する。たとえば、「59と65」を見ているときの方が「19と65」を見せられているときよりも盛んに活動する。[4] 二つの数字のあいだの隔たりが小さければ小さいほど、活動が活発になるのだ。

計算しているときには、正確な計算よりも、アバウトな計算をしているときの方が活動的になる。たとえば、15＋24＝99という式を見せられたら、ほとんどの人はこの式が誤りであることがただちにわかるだろうが、このような直観的な数量の把握に伴って、hIPSは目立って活動的になる。逆に、正確に15＋24＝39と計算をしようとするとhIPSの活動量は減り、代わりに左脳の言語に関わる脳の部位の活動が活発になる。[5]

それではhIPSの神経細胞は純粋に数量の把握だけに特化しているのかというと、そう単純ではない。hIPSの神経回路は、大きさや位置などに関わる周囲のニューロンと相互作用しており、結果として、「数量」の感覚と「物理的なサイズ」の感覚や「位置」の感覚は雑じり合う。

たとえば二つの数字の大小を比較するときに、「2と5」と書かれるよりも「2と5」と書かれた方が、反応速度が遅くなったり、間違いやすくなったりする。[6] また、画面に次々と数を表示しながら、その数が「65より大きいか小さいか」を判定するような単純なテストでも、「大きい」と答えるボタンを右手に持つ方が、左手に持つよりも、一般に成績がよくなる傾向があるという。[7] 数量の大きさと位置の情報が脳の中で「混同」され、大きな数字ほど右の方に位置しているはずだと早合点されてしまうのである。

hIPSの神経回路が周囲の神経細胞たちと相互作用する結果として、数字の知覚が、時間の感覚とも雑じり合うことを示唆する研究がある。大きい数字を見せられたときの方が、小さい数字を見せられたときよりも、その数字を長時間見せられたように錯覚しやすい、というのである。[8]

現代数学においては、空間的直観に根ざした「幾何」と、数の構造を研究する「数論」、それから時間の直観とも深く関係する「代数」や「解析」の方法とが互いに深く影響しあい、関係しあう様子がスリリングなのだが、数学の中でこれらの分野が統合されていく以前に、人間の脳の中で「空間」と「時間」と「数」にかかわる情報処理が、すでにわかちがたく融合しているのだとしたら面白い。

眼球の運動と、数の知覚との深い関係を示唆する研究もある。アンドレ・クノップスらは、眼球を左右に動かすときに活動する後頭頂葉のある部位が、人が足し算や引き算をするときにも同じように活動することを発見した。足し算をするときの脳活動は、眼球を左から右に動かすときの脳活動とよく似ており、逆に引き算をするときには、眼球を右から左に動かすときと似た脳活動が見られるという[9]。

計算中、必ずしも実際に眼球が動いているわけではなく、無意識のうちに「心の目」を移動させているのである。数学的には、小さい数字が左にあって、大きい数字が右にないといけない理由はないのに、脳の中では足すことと、右に移動することとが、わかちがたく結びつけられてしまっているのだ。

数量の把握に伴うhIPSの神経細胞の活動が、「位置」や「サイズ」や「時間」にかかわる情報処理を支える周囲の脳領域に漏れ出す結果として、数字を見るだけで、空間や時間の感覚が立ち上がったり、計算に伴って、視線を移動させる感覚が生じたりするのだろうと、ドゥアンヌは推測している。

このように、私たちが数字について考えたり、数字を使って計算したりしているときには、決して純粋に抽象的な「数そのもの」を認識できているわけではないのである。脳は数量の知覚を、サイズや位置や時間などの、数とは直接関係のない他の「具体的な」感覚と結びつけてしまう。それは、数字を知覚するためだけに進化してきたわけではない脳を使って数字を把握しようとしていることに伴う、いわば副作用のようなものである。脳は、数学をする上では随分厄介な器官なのだ。しかし、その厄介さこそが、数学的風景の基盤である。

## 脳の外へ

生き物は、ただ生きているだけで、次々と困難に出会う。まったく想定外の、想像もしない新たな課題にぶつかることもある。そんなときにも生物は、自分の手持ちの道具と身体で、何とかやりくりをしてきた。

指を使って数えるのもそうである。指はもともと、モノを摑(つか)むために使われてきたのであって、数えるための器官ではない。実際、人間の長い進化の中で、「数える」必要に迫られることはごく最近までなかっただろう。だからこそ、いざその必要に迫られたときには、それまでモノを摑むために使っていた指を「転用」するほかなかったのだ。あくまでその場凌ぎの方法だから、これにもしわよせがある。

普通に指を使って数えると、十までしか数えることができない。だから、「十」が数えるときの単位として定着した。無限にある数の中で、「十」が特別扱いされなければならない数学的な理由など、どこにもないのにである。

実際、コンピュータの中で数字は、二進法で表現される。何と言っても、二つの記号だけですべての数を表せるのが魅力だ。その点、二進法は十進法よりもはるかにエレガントだが、世界中の大部分の人は十進法を使う。それは、身体を使って数を扱う人間にとって、十進法がたまたま運用上、もっとも合理的であったというだけのことである。

道具というのは、無闇に作れるものではない。それが効果的に機能するためには、人間の身体に寄り添う必要がある。はさみの持ち手は、指が通りやすく力が伝わりやすいように、人間の身体の特殊な条件にうまく適合すべく作られる。そうして道具は、大なり小なり、使用者である人間の姿を、その構造の中に反映していくのだ。

数学で使われる様々な道具にも、よく見ると人間が映り込んでいる。たとえば「数直線」という概念がある。0を中心として一直線上に、右に向かって正の数、左に向かって負の数が順番に並ぶという、数の世界の幾何学的な描像である。離散的な数と、連続的な直線を一つに融合してしまうのだから、考えてみれば大胆な発想だ。そもそも「数」と幾何学的な「位置」は、概念としては別物である。それを一緒くたにしてしまうのだ。

こんな大胆さにもかかわらず、ちゃんと教えれば小学生でも数直線を理解できる。それはなぜかと言えば、数と直線を結びつけてしまう衝動が、初めから人間の中にあるからである。先ほど述べたように、人間の脳の中では、数と位置とが極めて近しい関係にある。だからこそ、数字の世界を直線として想像することが自然に感じられるのだ。

ところで、私は脳科学的な知見を引くことで、すべてを脳の話に還元するつもりは毫も（ごう）ない。私たちの経験している世界のすべてが、脳によって生み出されていると考えるのは誤りだろう。脳は私たちが経験する世界の唯一（ゆいいつ）の原因ではない。

そもそも脳の第一の働きは、生きるための有効な行為を生み出すことにある。その最も大切な仕事は、効果的な行為を生成するために、環境と身体を仲介することだ。

そうして生み出される様々な行為の繰り返しがまた、逆に少しずつ私たちの脳を形作っていく。脳は、人が経験する世界の一つの原因であるとともに、人が様々に世界を経験してきたことの帰結でもある。その脳だけを環境や身体的な行為の文脈から切り離し、そこにだけ特権的な地位を与えるのが賢明とは思えない。くどいようだが、私が強調したいのは、次の点である。

　数学的思考は、あらゆる思考がそうであるように、身体や社会、さらには生物としての進化の来歴といった、大きな時空間の広がりを舞台として生起する。脳内を見ていても、あるいは肉体の中だけを見ていても、そこに数学はないのだ。

## 「わかる」ということ

「わかる」という経験は、脳の中、あるいは肉体の内よりもはるかに広い場所で生起する。にもかかわらず、自然科学が理性をことさらに強調して、心的過程のすべてを脳内の物質現象に還元しようとすることで「人の心は狭い所に閉じこめられてしまっている」[10]。岡潔は、このように嘆いた。

　この身体、この感情、この意欲といえば本来はすむところを人はなぜか、自分のこの身体、自分のこの感情、自分のこの意欲と言わずにはいられない。ところが数学を通して何かを本当にわかろうとするときには、「自分の」という意識が障害になる。むしろ「自分の」という限定を消すことこそが、本当に何かを「わかる」ための条件ですらある。

「わかる」という経験の本来の深さを直截（ちょくせつ）に示す例として、岡はしばしば「他（ひと）の悲しみがわかる」ことについて書いている。

他の悲しみがわかるということは、他の悲しみの情に自分も染まることである。悲しくない自分が悲しい誰かの気持ちを推し量り、「理解」するのではない。本当に他の悲しみがわかるということは、自分もすっかり悲しくなることである。「他の」悲しみ、「自分の」悲しみという限定を超えて、端的な「この悲しみ」になりきることだ。「理で解（わか）る」のではなく、情がそれと同化してしまうことである。

私たちは本来、生まれつき他者と共感する強い能力を持っている。一九九六年にイタリアのジャコモ・リゾラッティらがサルの実験で「ミラーニューロン」を発見して話題を呼んだ。サルがたとえば何かものを持ち上げる動作をすると、それに伴って脳の一部分が活動をする。ところが驚くべきことに、その同じ脳の部位の一部分が、他のサルが何かを持ち上げる動作を見ているだけでも活動するのだ。自分が運動をしているときだけでなく、他者の運動を見ているときにも、その運動をさも自分がしているかのように脳が活動するのである。このように、他者の運動を模倣（mirror）する機構が脳の中にあることを、彼らは明らかにした。

ミラーニューロンに関連して、ラマチャンドランという脳科学者が大変興味深い実験を遂行した。[11] ミラーニューロンは実は、他者の運動だけでなく、他者の「痛み」をも模倣する。たとえば、目の前の人の手が金槌（かなづち）で思い切り叩（たた）かれるところを見たら、こちらまで思わず手を引っ込めてしまうだろう。目の前の人の「痛い！」という感覚を、見ているこちら側のミラーニューロンがコピーしてしまうからだ。それで思わずこちらも手を引っ込める。が、もちろん、本当に痛いわけではない。

ラマチャンドランはここに着目した。ミラーニューロンは、他者の運動や感覚を模倣する。他人が痛がっているときに、自分が痛いときに活動する脳の部位の一部分が発火している。ならばなぜ、こちらは本当に痛くならないのだろうか。

ラマチャンドランは、手の皮膚や関節にある受容体から「私は触られていない」という無効信号が出て、ミラーニューロンからの信号が意識にのぼるのを阻止しているのではないか、と推測し、アイディアを検証するためにハンフリーという、湾岸戦争で片腕を失った幻肢（げんし）患者に協力を依頼した。

幻肢患者は一般に、腕がないにもかかわらず、まだそこに腕があるという幻想を抱いている。ハンフリーの場合は戦争で腕を失っていたのに、顔を触れられるたびに、失った手の感覚を感じていた。

ラマチャンドランはそんなハンフリーに、ジュリーという別の学生を見てもらいながら、ジュリーの手をなでたり叩いたりしてみせた。すると、ハンフリーは驚いた様子で、ジュリーの手がされていることを自分の幻肢に感じる、と叫んだ。

ラマチャンドランの予想通りの結果だった。ハンフリーのミラーニューロンは正常に活性化されたが、それを打ち消す手からの無効信号がないので、ハンフリーのミラーニューロンの活動が、そのまま意識体験として現れてしまったのである。

ラマチャンドラン自身が「獲得性過共感」と名付けたこの現象は、幻肢患者でなくても、健常者の腕に麻酔を打つだけでも再現できることがわかった。麻酔によって、皮膚からの感覚入力を遮断すると、誰もが文字通り、目の前の人と痛みを共有してしまうようになる。

「あなたの意識と別のだれかの意識をへだてている唯一のものは、あなたの皮膚かもしれないのだ！」とラマチャンドランは印象的な言葉でこの実験の報告を締めくくっている。

この実験は、私たちの心がいかに他者と通い合い、共感しやすいものであるかをまざまざと示している。脳の中に閉じ込められた心があって、それが環境に漏れ出すのではなく、むしろ身体、環境を横断する大きな心がまずあって、それが後から仮想的に「小さな私」へと限定されていくと考えるべきなのではないだろうか。

# 第四章　零（ゼロ）の場所

あゝ遂にお前を、
数学的発見それ自体を、
生きた肉体と共に捕へることが出来た。[1]

——岡潔

古代には、ギリシアの他にもインドや中国、メソポタミアや南米など、文明のあるいたるところに、それぞれ個性的な数学文化があった。その後の数学の歴史も、一つの流れに回収することは到底できないような、多様な広がりを見せていく。古代ギリシアから近代西欧数学を経て、現代数学へと連なる系譜だけが、数学史のすべてではない。

たとえば江戸時代の日本には、「和算」という独自の数学文化があった。そこでは、まっしぐらに抽象化、普遍化に向かわずに、特殊な設定下の具体的な例を数多く身に付けることを通して、背景ではたらく原理を少しずつ「悟っていく」ような学習法、教授法が重視されたという。[2] 和算には、西欧近代数学とは異なる数学の美意識と価値観があったのだ。

ところが明治時代、日本はその和算を捨てて、にわかに近代西欧世界で生まれた

「洋算」へと舵を切る。西洋の科学技術を取り込んで社会全体の近代化を急ぐためにも、洋算の習得は急務であった。特に一八七二（明治五）年、学制の公布によって教育の現場で全面的に洋算の採用が決定されると、そこから和算の文化は急速に衰えていく。

洋算の背景には古代ギリシア以来の哲学があり、アラビア数学の影響があり、キリスト教の思想がある。そうした複層的な文脈を背負った数学を、急ピッチで海外から輸入したのだ。表面上の形式を受容できたとしても、それを我が物とするのは容易ではない。文化として根付かせようとするならば、その土地で、時間をかけて数学を育んでいく必要がある。そもそも「洋算」そのものが、何百年もかけた古代数学の「再生」過程の果てに、ようやく咲いた花なのだ。文化を超えた数学の継承は、一朝一夕には進まない。

## パリでの日々

岡潔が「生涯を懸けて開拓すべき数学的自然の中に於ける土地[3]」を求めて日本を旅立ち、フランスに向かったのは一九二九年春のことである。それは、広島文理科大学への赴任を前提とした国費留学であった。ヨーロッパで育まれた近代数学の伝統を吸収すべく、海外へ送り込まれたのである。

初めて訪れたパリでは、うまいコーヒーや、喫茶店の雰囲気、気の利いた音楽や、どこからともなく流れてくる賛美歌などに、いちいち新鮮な感動を覚えたという。大学の図書館に通い詰めながら、そのままそこの文化の流れに身を任せ、「クラゲのようにポカポカ浮いて」[4]さえいれば、自分の目的地に運んでもらえるのではないかという気持ちにもなった。

二年目には妻のみちが合流し、パリで出会った考古学者の中谷治宇二郎も交えて、まるで家族のような親しい付き合いが始まる。夏は避暑がてら、カルナックという、巨石がいくつも並ぶ村に出かけた。フィールドワーク目当てでもある治宇二郎は、さっそく磁石と地図を片手に調査を始める。すると、みちもあとをついていく。その背中を見送りながら、岡は巨石に寄りかかり、数学のテキストを読み耽る。夏の光を浴びながら、静かで幸福なひとときである。

冬には、三人でパリ郊外の下宿に移った。昼間はそれぞれの仕事に励み、夜は暖炉を囲んで語り合う。晩年になってもそのときの光景が懐かしく蘇ってくることがあったというほど、豊かな時間を分かち合った。

他方で、一九三一年には満州事変が勃発する。フランスにいた岡潔は「まるで戸外で嵐にあった」[5]ように、道行く人からきつい非難の言葉を浴びせられたそうだ。下宿でも肩身の狭い思いをしただろう。日本人である自分を意識する機会も自然と増えた。

そのせいというわけでもないだろうが、この頃から岡は、漠然とした欠乏感に襲われるようになる。パリに古代から連綿と伝わる文化の流れを感じ、それに強烈な印象を受けながら、同時にそこに「なにか非常に大切なものが欠けている」[6]ようにも感じはじめたのだ。日本には空気や水のようにいくらでもあるのに、ここにはないものがある。日本を案じ、懐かしむ気持ちが、彼の心を芭蕉の世界に惹きつけた。日本から『芭蕉七部集』『芭蕉連句集』『芭蕉遺語集』などを送ってもらい、熱心に読むようになったのもこの頃のことである。

## 精神の系図

「一世のうち秀逸三五あらん人は作者、十句に及ぶ人は名人なり」と、芭蕉はかつて、門人の凡兆に語ったという。[7]本当によい句というのは生涯に三句五句あればいい方で、十句もあれば名人だと言うのである。

若き日の岡はこれを知り、しきりに不思議がった。五・七・五の三つや五つを目標に生きるとは、まるで池に張った薄氷の上に全体重を託すかのようである。どうしてそんなことができるのだろうか。

薄氷の上に全体重を託すという点では、数学の道も俳諧(はいかい)の道と違わない。句形の制約こそないが、数学の依(よ)って立つ所は「数」という、手に触ることも目で確かめることもできない対象である。あるかないかもわからない「数」に全生涯を預ける数学者の足元もまた薄氷だ。ましてや岡が留学したのは、第二章で触れた「数学の基礎」をめぐる論争の熱(ほとぼ)りが未(いま)だ冷めやらぬ頃である。そうした論争に岡がどれほど関心を寄せていたかはわからないが、数学の足元をめぐる不安がかつてなく取り沙汰(ざた)された時代だ。将来の進むべき道を定めるべくパリへわたった岡が、芭蕉の生き方に憧(あこが)れたのも偶然ではないだろう。

岡潔が芭蕉の仕事について本格的に調べ始めたのは、留学から帰国後のことだ。勉強を重ねるうちに、芭蕉の足もとが実は薄氷でなかったのだと気づいた。

俳句は感覚の世界にあるのではなく、その奥の情緒の世界にあったのである。これで一応疑問は氷解した……。

（『岡潔集第二巻』「夜明けを待つ」）

たとえば、

秋深き隣は何をする人ぞ

という芭蕉の句がある。これを淋しいと見るのは感覚である。確かに表面には淋しさもある。が、底にあるのは懐かしさである。秋も深まると、隣の人が何をしているのだろうかと、懐かしくなる。芭蕉と他との間に、心が通い合う。その通い合う心が、情緒である。

芭蕉は感覚ではなく、情緒の世界を歩いていた。表面は淋しいようでもあるが、底はあたたかく自然に抱かれている。そのことがわかった途端、薄氷のように頼りなく思えた芭蕉一門の足もとが、実は「金剛不壊」の「底つ岩根」だったのだと悟った。[8]

数学も、芭蕉のように歩むことはできないだろうか。

数学者は「数学的自然」を行く旅人である。そこで自他を対立させたまま周囲を眺めれば、数学的自然も所詮は頼りない。数とは何か。集合だろうか。それでは集合とは何か。集合の理論に矛盾はないか。薄氷の底を論理で埋め合わせようとする努力は、果てしない迷宮に迷いこむ。迷宮はそれ自身、人の心を惹きつける何かを持っているが、そこにはもはや、当初の数学的自然の輝きはない。「1」という数の実感は失われ、無矛盾な形式系の無意味な記号に貼られたラベルとみなされる。

「数学において自然数の一とは何であるか、ということを数学は全く知らない」と岡は言う。「のみならず、ここはとうてい手におえないとして、初めから全然不問に付している」[9]。

　数学において自然数の一とは何であるか、数学は知らない。それを知っている者があるとすれば、それは数学をする数学者自身を措いて他にはない。集合の理論も現代の論理学もない時代に、オイラーやガウスやリーマンの心の中には、ありありと自然数の織り成す風景が映じていただろう。数学的自然と彼らの間に、通い合う心があっただろう。その通い合う心が、数学にいのちを与えるのだ。

　数学的対象を記号化し客観化して、数学の厳密性と生産性をどこまでも追求していく二〇世紀の数学の大きな流れの中で、岡は数学を客観化するよりも身体化すること、数学を対象化するよりもそれと一つになることへと向かっていく。

## 峻険（しゅんけん）なる山岳地帯

フランス留学中に岡が「生涯を懸けて開拓すべき数学的自然の中に於ける土地」として見定めたのは、「多変数解析関数論」の領野である。

「解析関数」という言葉は耳慣れないかもしれないが、高校数学で出てくる多項式や三角関数や指数関数などの古典的な関数はみなこれである。ただし、岡潔が研究していたのは、そうした関数の中でも特に変数を二つ以上持つもの、しかもその変数が複素数[10]であるような「多変数複素解析関数」の理論だ。

一変数の解析関数の世界については、コーシーやリーマン、ワイエルシュトラスらの努力によって、全体像が一望できるような美しい理論体系が、すでに一九世紀のうちに構築されていた。多変数の世界もその素直な延長で、比較的スムーズに理解が進むだろうとの見方もあった。ところが二〇世紀になると、多変数の世界を統制する原理は、一変数の場合とは想像以上に違うことが、次第に明らかになってくる。

岡は生涯に十篇の論文を発表しているが、その第九論文の中で、多変数解析関数が当時直面していた困難を、次のように描写している。

すなわち、コーシーやリーマン、ワイエルシュトラスら、一九世紀の数学者の努力によって、一変数の解析関数論は「平坦(へいたん)なる原野」として一望に見渡せる範囲にある。ところが、多変数の世界は、未だまったく手つかずのまま、まるで「峻険なる山岳地帯」を思わせる、と。

この山脈の向こうはどのような土地かはわからない。しかしこの山脈を越えなければ大道はここにきわまる。この問題の存在理由は、かようにも明らかである。

しかも、困難の姿態が実に新しくかつ優美である。

（『岡潔集第四巻』「ラテン文化とともに」）

解析関数論は、オイラーやガウス、コーシーやリーマン、ワイエルシュトラスら錚々(そうそう)たる数学者たちによって切り開かれてきた、数学の「大道」である。脇道(わきみち)に逸(そ)れるのでなく、小道に逃げ込むのでもなく、岡はその大道のさらに先を切り開いていく覚悟である。

ところが、一変数解析関数の世界の先に開けるはずの、多変数の世界はいまだほとんど闇(やみ)だ。一変数の世界と相貌(そうぼう)が違うらしいことはいまや明らかだけれど、どうすればその輪郭を浮き彫りにすることができるのか、手がかりはほとんどない。そんな困難を前にして、岡の心は奮い立った。一九三五年の正月には、いよいよ本格的に研究にとりかかることになる。目標として据えたのは、「ハルトークスの逆問題」だ。

　解析関数が意味を持って定義される目一杯の範囲のことを、その関数の「存在域」という。特に、多変数解析関数の存在域が、「擬凸(ぎとつ)性」という特殊な幾何学的性質を持つことを発見したのがハルトークスである。一九〇六年に発表されたこの「ハルトークスの定理」は、多変数の世界を統(す)べる、一変数の世界とはまったく違う秩序があることを暗示していた。この発見が、多変数解析関数論の誕生の契機となったのである。

　ハルトークスが示したのは、解析関数の存在域が擬凸状である、という事実だ。これに対して岡は逆に、擬凸状の領域は解析関数の存在域になっているだろうかと問うた。[11]ちょうどハルトークスが示した命題の逆を示すことになるので、岡はこれを「ハルトークスの逆問題」と命名したのだ。そして、この問題を解くことを研究の最大の目標として定めた。

　岡潔は常に、「自明(トリヴィアル)ではなく本質(エッセンシャル)」を追求する人である。「ハルトークスの逆問題」を解くことが、数学の大道をさらに前へと切り開くための真に本質的な課題であると彼は判断したのだ。

しかし、問題は極めて難解である。さすがの岡も、はじめは「十中八、九解けないだろう[12]」と感じたという。ところがそう思うと心が怯むどころか、「ほのぼのと面白く」なってきた。

このあたりは岡の真骨頂だ。学生時代から彼は、試験問題を「難しい問題から」解いていく習慣があった。「十中八、九解けないだろうが、一、二、解けないともいいきれない」。そう思うとかえって、「やってやろう」という気持ちになる性分である。

「第一着手」の展望が開けたのは、北海道帝国大学で夏休みを過ごしていたときのことだ。中谷宇吉郎（治宇二郎の兄）からの招待で、理学部の応接室だった部屋を借りて思索を重ねていると、だんだん考えが一つの方向に向かい、内容がはっきりとしてきた。そのまま座っているうちに、どこをどうやればいいかがすっかりわかってしまったという。

岡は後に「数学セミナー」に掲載されたインタビュー[13]の中で、「三度大きな意味で数学上の発見をやった」と回想しているが、これが第一の大きな発見である。多変数の解析関数論は、高次元の幾何学と密接に関係している。四次元以上の空間に対しては、日常の想像力は通用しないから、次元が上がれば上がるほど、問題は難しくなりそうなものである。ところが岡は、高次元の問題の難しさを緩めるために、かえってより一層高い次元の空間に「移行」するという、思い切った手法を編み出したのだ。もとの空間よりもさらに高い「上空」に移るというイメージで、彼はそれを「上空移行の原理」と名付けた。このときの発見の印象は、何よりも「鋭い喜び」の情に彩られていたという。

このときはただうれしさでいっぱいで、発見の正しさには全く疑いを持たず、帰りの汽車の中でも数学のことなど何も考えずに、喜びにあふれた心で車窓の外に移りいく風景をながめているばかりだった。

（『岡潔集第一巻』「春宵十話」第六話「発見の鋭い喜び」）

「第一の発見」を手がかりとして、岡は着々と「山岳地帯」の奥深くへと分け入っていく。第一論文が広島文理科大学理科紀要に受理されたのが一九三六年五月一日、そのまま次々と順調に論文がまとめられ、一九四〇年までには連作論文の最初の五篇が発表された。

最初の論文が受理される直前、その報せを一番喜んでくれるはずだった親友の治宇二郎が、この世を去った。パリで出会った治宇二郎は、学生時代から病気がちだったのだ。それでも十分に才気に満ちて、パリでも順調に論文執筆や学会講演を繰り返し、故国に残した貧しい家族のことを案じながらも、学問の理想に向かって邁進していた。ところが、フランスに渡って三年目の夏に病床に伏す。この頃治宇二郎から盛岡にいる妻に送られた手紙には、学問に対する残酷なまでにまっすぐな思いが綴られている。


「人を相手に学者になるのは易いが学問を相手に学者になるのは大変な事です」

「日本は日本の行方をしなければならぬと近頃思ふ」

「私の専門でもそうである。そうしないと日本にはほんとうの文化が起らない」

「今の日本でほんとうに餓死する人が何人位あるだらう。餓死を恐れて自殺又は自殺的死を遂げる人は相当あるだらうが、もつと恐れないで功利的生活に超然としてゐる人がせめて學問の世界にでも少々出て來ないだらうか」


（『評伝岡潔　花の章』高瀬正仁）

留学中は岡潔もみちと二人で治宇二郎を献身的に支えたが、やむなく治宇二郎の留学は中断になる。帰国後、足掛け五年に及ぶ療養生活を経て、治宇二郎はこの世を去った。

「治宇二郎さんは一九三六年三月二二日に亡くなったが、このあと私は本気で数学と取り組み始めた」[14]と岡は後に回想している。この言葉の通り、親友の死後まもなく第一論文が受理されたのを皮切りに、彼は凄まじい勢いで研究を重ねていくことになる。

岡の生活もまた、平穏ではない。

一九三八年には広島文理科大学を休職し、妻と二人の子供を連れて、両親の住む和歌山県紀見村に移る。ときに岡は三十七歳。この後およそ十三年にわたり、畑仕事と数学三昧の日々が続く。この間、短い期間を除いてはほぼ無職である。一九四〇年には、大学からの正式な辞職が決まった。

生活の不安がないはずはないが、岡は研究に夢中である。条件付きではあるが、いよいよ「ハルトークスの逆問題」に決着をつける段階だ。そのためにはどうにも超えがたい壁を超える必要があり、岡の気持ちはまるで「引きしぼった弓」[15]のように張り詰めていた。

## 出離の道

「第二の発見」は、思いがけない瞬間に訪れた。故郷の紀見村で、昼間は土に木や石で書きながら考え、夜は子供たちと蛍を採っては放しながら考える日々の中、だんだん目当ての関数の作り方が見えてきたのだ。彼はそれを「関数の第二種融合法」と命名した。この方法を使って岡は、領域についての条件付きとはいえ、ついに「ハルトークスの逆問題」を、解決することになる。

ところがほどなく、この達成の延長線上に、まだ未開の広大な領野が開けていることが判明する。それは、ハルトークスの逆問題を、当初よりさらに一般的な設定で解くという、新たな挑戦の始まりを意味していた。

一方で岡の収入は途絶え[16]、生活は日に日に厳しさを増す。彼は、研究の「壺中の別天地」[17]に閉じこもることにした。

終戦後には、本格的に念仏修行にも取り組み始める。農耕と、数学と、念仏三昧の日々の中、岡は「第三の発見」にたどり着く。

七、八番目の論文は戦争中に考えていたが、どうしてもひとところうまくゆかなかった。ところが終戦の翌年宗教にはいり、なむあみだぶつをとなえて木魚をたたく生活をしばらく続けた。こうしたある日、おつとめのあとで考えがある方向へ向いて、わかってしまった。このときのわかり方は以前のものと大きく違っており、牛乳に酸を入れたときのように、いちめんにあったものが固まりになって分かれてしまったといったふうだった。それは宗教によって境地が進んだ結果、ものが非常に見やすくなったという感じだった。

（『岡潔集第一巻』「春宵十話」第七話「宗教と数学」）

彼が「不定域イデアル」と名付けた概念の理論は、こうして生まれたのである。これによって岡の名は、後に世界に知れ渡ることになる。

彼はこのときの発見を、「情操型の発見」と呼んだ。それは、以前に経験してきた「インスピレーション型の発見」とは違い、上から着想が降りてくるというより、下から地道に積み上げていくうちに視界が開けるようなわかり方であった。

普通は、それまでわからなかったことをわかるために、数学者は計算をしたり、証明をしたりする。しかし、「わかった」という心の状態を生み出す方法は、計算や証明だけではない。岡が第三の発見で経験したのは、自己の深い変容により、数学的風景の相貌がガラリと変わり、結果として、それ以前にはわからなかったことがわかるようになる、ということだった。この場合、自己変容の過程そのものが、紙と鉛筆を使った計算や証明とは別の仕方で、彼の心を「わかった」状態へと導いたのである。

岡は晩年、京都産業大学の学生たちに向けた講義の中で、興味深い発言をしている。その大要をかい摘むと、次のようになる。

「小川のせせらぎを構成する水滴の描く流線や速度は、いずれも重力その他の自然法則によって決定されている。しかし、その水滴の運動を人間が計算しようと思えば、厄介な非線形の偏微分方程式を解く必要がある。ある程度の近似を許したとしても、現実的な時間内でそれを正確に解くことは難しい。にもかかわらず、小川の水は流れている。これはいかにも不思議である」と。

自然は、人間やコンピュータによる「計算」とは違う方法で、しかもそれよりも遥かに効率的な方法で、同じ「結果」を導出してしまう場合がある。そもそも紙と鉛筆を使った「計算」も、紙や鉛筆の持つ物理的な性質に依存しているし、紙を使おうが、コンピュータを使おうが、計算というのは自然現象の振る舞いの安定性に支えられている。自然現象をある目的に沿って、部分的に切り出すことで計算は成り立っているのだ。そういう意味で自然界には、常に膨大な計算の可能性が潜在している。

例えば、ボールを投げたときの軌道を計算したかったとしよう。このとき、どんなに緻密なシミュレーションをするよりも、実際にボールを投げてしまう方が、効率よく軌道を「導出」できる。自然環境そのものが、どんな計算機よりも潤沢な「計算資源」の役割を果たすからである。

小川のせせらぎやボールの軌道ですらそうなのだから、ましてや人間の身体は、どれほど豊かな「計算」の可能性を内蔵しているかわからない。すでに何度も強調してきたように、人間の認知は、身体と環境の間を行き交うプロセスである。その結果として、記号化された計算によっては到底追いつかないような判断や行為が瞬時になされる。昆虫が不安定な大地の上を歩きまわったり、人間が巧みに物を摑んだり持ち上げたりできるのも、すべては「身体化」された、非記号的な認知の成せる業である。

数学的思考もまた、この例外ではないはずだ。

記号的な計算は、数学的思考を支える最も主要な手段の一つであることは間違いないが、数学的思考の大部分はむしろ、非記号的な、身体のレベルで行われているのではないか。だとすれば、その身体化された思考過程そのものの精度を上げる――岡の言葉を借りるなら「境地」を進める――ことが、ぜひとも必要ということになる。「境地が進んだ結果、ものが非常に見やすくなった」というとき、岡の念頭には芭蕉のことがある。芭蕉の詠む句は、どれも五・七・五の短い記号の列に過ぎない。したがって、原理的にはなんらかの計算手続き（＝アルゴリズム）によって生成できたとしてもおかしくない。が、どんな優れたアルゴリズムよりも、芭蕉が句境を把握する速度は迅速だ。

芭蕉の句は「生きた自然の一片がそのまま とらえられている」[18]ような気がする、と彼は言う。

たとえば、

ほろほろと山吹散るか滝の音

という句があるが、これなどは「無障害の生きた自然の流れる早い意識を、手早くとらえて、識域下に映像を結んだ」ためにできたのだろう、と岡はエッセイの中で書いている。

「ものの見えたる光いまだ心に消えざるうちにいいとむべし」と芭蕉は言った。「もの二つ三つ組み合わせて作るにあらず黄金を打ちのべたやうにてありたし」とも言った。[19] 芭蕉の方法には「もの二つ三つ組み合わせて作る」アルゴリズムはない。芭蕉の句は、ただ芭蕉の全生涯を挙げて「黄金を打ちのべたやうに」して〝導出〟される。その「計算速度」は、まさに電光石火の如しである。

芭蕉の意識の流れが常人より遥かに速いのは、彼の境地が「自他の別」「時空の框」という二つの峠を超えているからだと、岡は考えた。過去を悔いたり、未来を憂えたり、人と比べて自分を見たり、時間や空間、あるいは自他の区別に拘っていては、それが意識の流れをせき止める障害となる。逆に、そうした区別にとらわれなければ、自然の意識が「無障害」のまま流れ込んでくるというのである。

生きた自然の一片をとらえてそれをそのまま五・七・五の句形に結晶させるということに関して、芭蕉の存在そのもの以上に優れた「計算手続き」はない。水滴の正確な運動が、水を実際に流してみることによってしかわからないのと同じように、芭蕉の句は、芭蕉の境地において、芭蕉の生涯が生きられることによってのみ導出可能な何かである。

数学もまた、同じように進むことはできないだろうか。数学的自然の一片をとらえて、その「光いまだ消えざるうちにいいとむ」には、数学者もまた、それ相応の境地に居る必要がある。境地が進まなければ詠めない句があるのと同じように、境地が進まなければできない数学があるだろう。「第三の発見」において、岡はそれを身をもって経験したのだ。

この発見の直後、岡は研究ノートに、次のような言葉を書き付けている。

今度ハ、前ノ数学ノトキトハ、大分勝手ガ違フ、感奮セシメルモノハ何カ。強クヒクモノハ何カ。現在ノ自分ノ状態ハドウカ。
数学研究カラ自己研究ニ入ツタノデアル（前者ハソノママ含マレテ居ル。捨テラレタノデハナイ――之ヲ然シ捨トテ云フ）

（『評伝岡潔　花の章』）

岡の数学研究は、いよいよ自己研究の段階に入ったのだ。数学研究を捨てて自己研究に移るのではない。数学研究が即ち自己研究なのである。

二〇世紀の数学は、数学を救おう、よりよくしようという思いの帰結とはいえ、行き過ぎた形式化と抽象化のために、実感と直観の世界から乖離していく傾向があった。

そうしたなかで岡は、「情緒」を中心とする数学を理想として描いた。数学を身体から切り離し、客観化された対象を分析的に「理解」しようとするのではなく、数学と心通わせ合って、それと一つになって「わかろう」とした。その彼の数学を支えたのが、芭蕉一門の生き方と思想だったのだ。

## 零の場所

「第三の発見」を論文にまとめた直後、彼は論文を片手に、京都にいる秋月康夫のもとを訪ねた。岡と同じ和歌山県出身で、三高時代からの友人でもあった秋月は、岡の最もよき理解者の一人である。そのときの様子を秋月は後年、次のように回想している。

敗戦直後の食糧困難に悩んでいる頃だった。ボロ服に、風呂敷包を肩に振り分けた、岡潔君の久し振りの訪問をうけた。第一印象は〝彼もずい分と齢をとったものだ。まるで百姓のようだ〟ということであった。当時、無職であった同君は、家や田を売り、芋を栽培して糊口を養いつつ、多変数函数論の開拓に励まれてきていたのである。戦中芋畑から、層の概念の芽が、不定域イデアルの形で生み出されたのである。

（『晩近代数学の展望』秋月康夫）

ここに書かれている通り、岡が第七論文において確立した「不定域イデアル」の理論は、やがて現代数学を支える最も重要な概念の一つである「層（sheaf）」の理論に結実する。それは局所的なデータを貼り合わせて大域的な対象を得るための、いまや数学では欠くことのできない道具である。この論文が世界の先端を走る数学者たちの目に留まると、ただちに第一級の成果として受け入れられた。

岡が秋月に手渡した論文は、渡米する湯川秀樹に託されて、アメリカを経由してフランスにわたった。これが一九五〇年にフランス数学会の機関誌に掲載されるや、岡の名声は急速に世界の数学者たちの間に浸透していく。日本の田舎の山の中、まるで百姓のような格好で農耕と念仏と数学研究に耽り、国内でも未だ無名の数学者だった岡の名が、にわかに世界へと広まったのだ。まもなく、海外から奈良にわざわざ彼を訪ねて来る数学者も出てくるようになる。

一九五五年九月には、当時世界で最も影響力を持っていた数学者の一人、アンドレ・ヴェイユが来訪した。ヴェイユと言えば、現代数学の象徴的な存在とも言えるニコラ・ブルバキの生みの親の一人である。

第二章でも述べた通り、ニコラ・ブルバキは実在の数学者ではない。一九三五年に結成された、主に若手のフランス人からなる数学者集団の名前である。彼らは『数学原論』と題された一連の教科書を世に問うて、現代数学の主流となる独特の研究執筆スタイルを確立した。

数学の全体を、集合論の上に立脚した抽象的な構造の理論として統一的に捉えようというのが、ブルバキの数学観である。その数学は、「無慈悲なまでに抽象的」[20]だ。

そのブルバキを代表するヴェイユと、ブルバキ流の抽象化を嫌う岡が、奈良の日本料理店で邂逅したのだ。このとき二人は、互いの研究を振り返りながら、多岐にわたる話題を交換した。その中で、ヴェイユが岡に「数学は零から」と言うのに対して、岡が「零までが大切」と切り返す場面があったという。[21]まるで禅問答のようなやりとりであるが、私はこのエピソードを初めて耳にしたとき、「零までが大切」という岡潔の言葉が、なぜか深く印象に残った。

ヴェイユの「数学は零から」という言葉には、数学の本質が零からの創造である、という気持ちが込められていたのかもしれない。あるいは、いかなる信仰や政治的信念からも自由に、本当のまったき「零」から出発して豊かな世界を構築し得る数学に対する誇らしい気持ちもあったかもしれない。そこには、数学が他の何物にも依存しない、自立した学問であるという自負の念もあっただろう。

それに対する岡の返答はどうだろうか。私はここで、彼のエッセイの一節を思い出す。

職業にたとえれば、数学に最も近いのは百姓だといえる。種子をまいて育てるのが仕事で、そのオリジナリティーは「ないもの」から「あるもの」を作ることにある。数学者は種子を選べば、あとは大きくなるのを見ているだけのことで、大きくなる力はむしろ種子のほうにある。

（『岡潔集第一巻』「春宵十話」第十話「自然に従う」）

岡によれば、数学者の仕事は百姓のそれに近いという。その本分は「ないもの」から「あるもの」を作ること、まさに「零から創造すること」にある。しかし、なぜ「ないもの」から「あるもの」ができるのか。それは種子の中に、あるいは種子を包み込む土壌の中に、「ないもの」から「あるもの」を生み出す力が備わっているからだ。百姓が種子からかぼちゃを育てるように、数学者は零から理論を育て上げるが、その種子自身を、あるいは零そのものを作り出す力は、人間にはない。「零から」は人間の意志で進めるけれど、「零まで」は人間の力ではどうしようもない。しかし、この「零まで」が肝心である。

数学における創造は、数学的自然を生み、育てる「心」のはたらきに支えられている。種子や土壌のない農業がありえないように、心のない数学はありえない。その心の働きそのものを、人間の意志で生み出すことはできない。人間にできるのは、それを生かし、育てることだけである。

## 「情」と「情緒」

岡潔が「情緒」という言葉を好んで使った背景にはそれなりの理由があった。心には本来、「彩りや輝きや動き[22]」がある。ところが、「心」という言葉はあまりにも使い古されてしまっていて、そのままでは「何だか墨絵のような感じ」を受ける。そこで、心の彩りや輝き、動きをもっと直截(ちょくせつ)に喚起する言葉として「情緒」という表現を使うのだと、エッセイの中で繰り返し説明している。

「情緒」は「情」の「緒(いとぐち)」と書く。「情」と書いて「こころ」と読ませることもあるが、「情」という語には独特のニュアンスがある。

情が移る、情が湧(わ)く、あるいは情が通い合う。情はいとも容易(たやす)く「私」の手元を離れてしまう。「私(ego)」に固着した「心(mind)」とは違い、それは自在に、自他の壁をすり抜けていく。

しかも環境の至るところに「情」の動きの契機となる「緒」がある。そんな「情」と「緒」の連関としての「情緒」を、日本人は歌や句の中に詠み込んできた。

うちなびく春来(きた)るらし山の際(ま)の遠き木ぬれの咲き行く見れば[23]

遠くの山に、桜がぱぁっと咲いている。すると、その姿がそのまま自分の喜びになる。花の咲く姿を「緒」として、人の「情」が動き出す。

「情」と「情緒」という表現で言えば、岡はある時期からこれを、意識的に使い分けるようになる。一口に「情」と言っても様々なスケールがあって、「大宇宙としての情」もあれば、「森羅万象の一つ一つの情」もあるというのだ。それを使い分けるために岡は、前者を「情」と言って、後者を「情緒」と呼び分けるようになる。

自他の間を行き交う「情」が、個々の人や物の上に宿ったとき、それが「情緒」となるというのである。

「情」や「情緒」という言葉を中心に据えて数学や学問を語り直すことで、岡潔は脳や肉体という窮屈な場所から、「心」を解放していこうとした。情の融通を凝る(さまたげ)一切のものを取り払い、自他を分かつ「内外二重の窓」を開け放って、大きな心に「清冷の外気」を呼び込もうとした。

岡潔は確かに偉大な数学者であったが、生み出そうとしていたのは数学以上の何かである。彼は、数学を通して心の世界の広さを知った。心の広がり、彩り、自由闊達(かったつ)な動きのあることを知った。そうして狭いところに閉じ込められた心を、もっとはるかに広い場所へと解き放っていこうとしたのである。

## 晩年の夢

晩年の岡は、数学から離れ、新しい人間観、宇宙観の建設という、壮大な夢へと向かっていく。

人はみな「本当は何もわかっていない」のだと、彼は言う。知識はたくさんあるが、根底のところまでいくと、みな途中でわからなくなる。目を開くと外界が見える。立ち上がると全身の無数の筋肉が協調してからだが動く。いったいなぜそんなことができるのか、人はいまだに答えることができない。科学や数学は、仮説や公理というかたちでさしあたりの出発点を決めた上で、そこから厳密な議論を積み上げることで多くの知見を生み出すが、前提そのものの根拠を問うと、途端にわからなくなる。「自然がある」とはどういうことか、あるいは「1とは何か」。こうした問いには科学や数学の範囲内では答えることができない。かといって、一切の仮定を認めなければ、科学的思考は成り立たない。

岡は科学を丸ごと否定しているのではない。彼は「零まで」をわかるためには「零から」をわかるのとは違う方法が必要であると言っているのだ。「1とは何か」あるいは「自分とは何か」、「自然とは何か」。こうした根源的な問いと向き合うために、人はどのように心を用いればいいのか。

数学の本質は、主体である法が、客体である法に関心を集め続けてやめないということである。……法に精神を統一するためには、当然自分も法になっていなければならない。

（『岡潔集第二巻』「絵画」）

数学において人は、主客二分したまま対象に関心を寄せるのではなく、自分が数学になりきってしまうのだ。「なりきる」ことが肝心である。これこそ、岡が道元や芭蕉から継承した「方法」だからだ。芭蕉が「松のことは松に習え」と言い、習うというのは「物に入」ることだと言ったのも、これである。

道元禅師は次のような歌を詠んでいる。

聞くままにまた心なき身にしあらば己なりけり軒の玉水

外で雨が降っている。禅師は自分を忘れて、その雨水の音に聞き入っている。このとき自分というものがないから、雨は少しも意識にのぼらない。ところがあるとき、ふと我に返る。その刹那（せつな）、「さっきまで自分は雨だった」と気づく。これが本当の「わかる」という経験である。岡は好んでこの歌を引きながら、そのように解説をする。

自分がそのものになる。なりきっているときは「無心」である。ところがふと「有心」に還る。その瞬間、さっきまで自分がなりきっていたそのものが、よくわかる。「有心」のままではわからないが、「無心」のままでもわからない。「無心」から「有心」に還る。その刹那に「わかる」。これが岡が道元や芭蕉から継承し、数学において実践した方法である。

なぜそんなことができるのか。それは自他を超えて、通い合う情があるからだ。人は理でわかるばかりでなく、情を通わせ合ってわかることができる。他の喜びも、季節の移り変わりも、どれも通い合う情によって「わかる」のだ。

ところが現代社会はことさらに「自我」を前面に押し出して、「理解（理で解る）」ということばかりを教える。自他通い合う情を分断し、「私（ego）」に閉じたmindが、さも心のすべてであるかのように信じている。情の融通が断ち切られ、わかるはずのこともわからなくなった。

そうしたすべての根本にあるのが、「自我」と「物質」を中心に据える現代の人間観であり宇宙観である、と岡は考えた。ならば、根本的に新しい人間観、宇宙観を一から作り直すことが急務である。こうして岡は、一九七一年の六月、『春雨の曲』と題した原稿の執筆に取組み始める。それは、「情緒と喜びを二元素とする新しい宇宙観」という壮大なヴィジョンの文学的な結晶となるはずのものであった。数学ノートを書き綴る代わりに、原稿と日々向き合うことが、いつしか彼の習慣となった。

この原稿の執筆と並行して、一九六九年から受け持っていた講義のために、京都産業大学にも通い続けた。「常識はすべて間違っている」と言い放ち、「新しい科学」の創造を豪語する岡の講義には、鬼気迫るものがあった。学生たちは圧倒されたことだろう。大きな講義室の後ろの方に遠慮がちに学生がかたまり、岡に「前に来なさい」と注意されることもしばしばだった。

岡は受講生全員に、課題として自由論文を提出させた。それを一枚一枚読んだ彼は、学生がみなそれぞれに違った表現で「来る日も来る日も生き甲斐が感じられない」と嘆いているように感じ、随分ショックを受けたようである。

かぼちゃの種子の生成力が、種子や土、太陽や水の所産であって、人間の手によっては作れないものであるのと同じように、「生きる喜び」も本当は、周囲や自然や環境から与えられるものであって、自力で作り出せるものではない。ところがいまは、何でも「個人」ということが強調されて、その「個」が「全の上の個」であるということを忘れている。大自然には通い合う情があり、一つ一つの情緒はその情の一片である、ということが忘れられている。それで、日々の生き甲斐までわからなくなった。

自他を分断し、周囲から切り離された「私」の中から、生きる喜びが湧き出すはずもない。

岡潔は学生たちに、自我を薄め、情緒を清め、深めなさいと、言葉を尽くして語りかけた。そして、生きる喜びを素直に感じられる世界を再び建設するために、日々、『春雨の曲』の原稿と向き合い続けた。改稿に改稿を重ね、岡は粘り強く書き続けたが、結局それは、いまも未完のまま眠っている。

## 情緒の彩り

およそ十年前に岡潔の『日本のこころ』に出会って以来、私は何度も何度も、頁(ページ)が擦り切れるくらい、この本を読み返してきた。不思議なことに、その度に新しい発見があり、毎回違った箇所に線を引いている。文章の方は動いていないはずだから、変わっているのはこちらの方なのだろうが、まるで生き物のように、同じ言葉が何度も新しい意味を帯びて蘇(よみがえ)ってくるのだ。実感に裏打ちされた言葉の底力である。

何がそこまで私を岡潔に惹(ひ)きつけるのか。それは、彼が零からの構築よりも、零に至るまでの根本的な不思議の究明へと、いつも向かっているからなのかもしれない。

生きることは実際、それだけで果てしない神秘である。何のためにあるのか、どこに向かっているのかわからない宇宙の片隅で、私たちは束の間の生を謳歌し、はかなく亡びる。虚無と呼ぶにはあまりにも豊穣な世界。無意味と割り切るには、あまりに強烈な生の欲動。その圧倒的に不思議な世界が、残酷なまでに淡々と、私たちを包み込んで、動き続ける。

不思議で不思議で仕方ない。この痛切な思いこそが、あらゆる学問の中心にあるはずである。

私が岡潔という存在に魅了されるのは、彼が常に、まるで幼子のように、この原始の不思議を忘れないからだ。素朴で、生々しい、ありありとした不思議の感覚から出発して、そこから学問をつくっていこうとしてやめないからである。

岡は晩年に、「私はたまたま今生は西洋のことを学んでみようと数学をやったが、来生はまた違うことをするだろう」という意味のことを語っている。たしかに「新しい人間観と宇宙観の建設」という最晩年の夢に真っ直ぐ向かっていくのだとすれば、その手段が「数学」である必要は必ずしもないだろう。「情緒を清め、深める」ことが人間の仕事だと岡は説くが、もちろん数学だけが情緒を清め、深めるための方法ではない。

ただ、岡潔が外来の文化としての数学を全身で受け止め、それを徹底的に身体化し、「自己研究」の道にまで高めていった過程には、特別な意味があるように思う。

数千年前から少しずつ、身体を通して環境のあちこちへと広がってきた数学的思考は、いまや私たちを取り巻く世界の隅々にまで染み渡っている。中でも、近代的な数学の思想を体現するコンピュータは、現代社会の至るところに浸透している。私たちの身体を取り囲んでいるのは天然の自然ではなくて、あまねく人工物によって覆い尽くされ、計算と論理によって統制された、いわば高度に数学的に編まれた自然だ。私たちはもはや、数学とは何か、という問題を真剣に考察することを避けては通れないのである。

その数学に、新たな意味を吹き込んでいくこと。数学の形式をただ受容するのではなくて、それを文化として根付かせ、そこに自前の思想的文脈を与えてやること。岡はそこに向かって挑戦をした、数少ない日本人なのだ。

＊　　＊　　＊

岡潔の言葉を借りて数学を語ることには躊躇いもあった。岡の言葉は、彼自身が生みだした数学があってこそ響く。ほかの者がそれを語るべきではない。はじめ私はそう思っていた。

実際、岡の数学についてはともかく、彼の思想についてはあまり語られることがない。数学者ならば誰もが彼の存在を知っているし、密(ひそ)かに憧(あこが)れを抱いている人も少なくないが、それにしても語られない。

どれだけ偉大な思想であろうと、それを伝える人がいなければ失われる。それではあまりにももったいない。思い切って私が書くことにしたのは、そのためである。

「情緒というのはものすごく具体的なものだと思うのです」と、岡潔研究の第一人者である九州大学の高瀬正仁氏はかつて私に語った。その言葉が、いまも印象に残っている。

すでに繰り返し述べてきたように、「情緒」という言葉の背景には自他対立を前提としない感性がある。一方で岡は、「自他対立のない世界は向上もなく理想もない。……向上もなく理想もない世界には住めない」[24]とも語っている。

本来世界に自他対立はない。肉体が定める境界は、世俗の要求から生まれた幻影にすぎない。そう言い切ってしまえば宗教になる。

岡は宗教と科学の両方を知りながら、どちらにも安住しない人だった。肉体を伴う一生は、縁起する重々帝網(じゅうじゅうたいもう)の大宇宙にあってはたしかに幻のようなものである。しかしその幻に、その肉体の背負った局所に宿る情緒の彩りがある。高瀬氏は「岡先生の情緒の根底にあるのは、中谷治宇二郎との友情だと思う」と言った。

パリで岡潔と出会い、意気投合した治宇二郎は、パリから帰国数年後に、志半ばにしてこの世を去った。岡が世間との交渉を絶って数学の道に突き進んでいくのは、その後のことである。紀見村の山中、一心不乱に数学に没頭し続けた岡の胸には、きっと治宇二郎がいたに違いない。

自他の間を行き交う「情」の世界は広いが、情緒の宿る個々の肉体は狭い。人はその狭い肉体を背負って、大きな宇宙の小さな場所を引き受ける。その小さな場所は、どこまでも具体的である。友情もあるだろう。恋愛もあるだろう。人と交わした約束や、密かな誓いもあるだろう。苦しい離別もあれば、胸に秘められた愛もあるだろう。

そうしたすべてが、ひとつひとつの情緒に、彩りを与える。そこに並々ならぬ集注が伴うと、それが形となって現れる。

岡潔の場合、数学となって咲いた。

# 終章　生成する風景

すべて私たちの探求の終わりは
出発の地に辿り着くこと
そしてその地を初めて知るのだ[1]。
——T・S・エリオット

「数える」という行為から始まって、まるで身体から漏れ出すように、数学的思考は広がってきた。古代ギリシア人が編み出した論証数学、近代ヨーロッパで発見された記号と計算の威力、数学理論の全体を記号操作の体系に写し取ろうとしたヒルベルトらの企てと、そこから生まれたコンピュータ。新たな数学が生まれる場面に生きた人間の姿があり、冷徹に見える計算や論理の奥に血の通った人間がある。

もちろんここには描き切ることのできなかった、数学史の重要な場面はいくつもある。私は、大小無数に枝分かれしている数学の歴史の、一筋の流れを追ってきたのみだ。それは数学の全体から見れば小さな一部でしかないけれど、その一筋の流れを「数学とは何か」「数学にとって身体とは何か」と自問しながら辿ってみた。

ところが私は、道中いつしか、「数学とは何か」と問うよりも、むしろ「数学とはいかに何であり得るか」と自分に問うようになった。何か変わらぬ、動かぬ「数学」というものがあり、それを解明したいというよりも、絶えず動き続け、変容し続ける数学の、果てしない可能性の方に目が向くようになったのだ。

本書で辿った数学の流れは、アラン・チューリング（一九一二―一九五四）と岡潔（一九〇一―一九七八）の二人に流れつく。両者とも、同時代を生きた世界的な数学者であるが、この二人を同じ一冊の中で扱った本は、これまでなかったのではないかと思う。性格も研究も思想もかけ離れているのだから、当然といえば当然である。その二人が、ともに「数学者」と呼ばれるということが、数学という営みの可能性の広さを、端的に象徴しているとも思う。

ただ、二人の間には重要な共通点がある。それは両者がともに、数学を通して「心」の解明へと向かったことである。

アラン・チューリングは、「模倣ゲーム」を提唱した論文『計算機械と知能』（一九五〇）の中で、人間の心を「玉ねぎの皮」にたとえて、こんなふうに語っている。

人間の心、あるいは脳の機能の少なくとも一部は、機械的なプロセスとして理解できるはずである。ただし、純粋に機械の振る舞いとして説明できるのは、「本当の心(real mind)」のごく表層に過ぎない。それは、隠された「芯(しん)」に辿り着くために剝(は)

ぎ取られなければならない、表面の皮のようなものである。一枚、一枚、皮を剝きとりながら、芯に近づいていこうとするように、機械で説明できる心の機能を一つずつ「剝いて」いけば、私たちは次第に「本当の心」に近づいていくことだろう。
しかし、目指すべき「芯」が、端から存在しないとしたらどうだろうか。皮を剝いていった果てに、最後にあるのが、中身のない皮だけであったとしたら。そのとき人は、心ははじめからただの機械であったと、知ることになるだろう。

　このようにチューリングは論じるのである。

　具体的で身近なモデルから出発して、高度な抽象的思考へと向かっていくのが彼のスタイルだ。心の探究を神秘化するのではなくて、玉ねぎの皮剝きなどという卑近な例を持ち出すあたりに、いかにもチューリングらしいユーモアがある。

　彼は実際、丁寧に「皮」を剝いていくように独創的な研究を重ねていった。一九三六年に彼は、およそ「計算」と呼び得るあらゆる手続きが、単純な機械的動作の組み合わせによって実現できることを示したのだった。チューリング機械による「計算」の機械化――それは彼が剝いた、最初の皮だ。

　無論、計算が心のすべてではない。本当の心は、まだその奥に隠されている。チューリングはそれを承知していた。彼が次に関心を寄せたのは、ひらめきや洞察という人間の心の働きである。これは、そう簡単には機械に真似ができそうにない。ひらめきや洞察のような能力こそが、機械と人間の心を隔てる、決定的な分水嶺だと考える人もいるだろう。それでもチューリングは、歩みを止めない。

第二次大戦中、彼はボムという機械を作って、解読不能と呼ばれたエニグマ暗号の解読の先頭に立つ。暗号解読という極めて創造的な作業を、機械的な「検索」の力を借りて、成し遂げたのだ。一見、知的なひらめきや洞察に見えることでも、ある種の効率的な「検索」によって実現できてしまう場合がある。彼はそれを、暗号解読の過程で学んだ。チューリング・ボムもまた、彼が剝いた皮である。

次第に、彼は「間違う可能性」が、既存の機械と人の心を分かつ重大な能力であることに気づき、やがて機械に「学習」をさせることこそ、機械を心に近づける道であると、確信するに至る。学習を可能にする機械的メカニズムと、そうした過程を背景で支えるニューロンの成長プロセスへと関心が向かったのも、そのためである。

学習できるようになることで、機械はどんどん賢くなっていくだろう。チューリングは、人工知能の未来を予見していた。「考える機械」が生まれる日も、そう遠くないと、確信していた。

しかし「考える」とはどういうことか。この問いを真剣に突き詰めようとすると、ややこしい哲学論争に陥りかねない。哲学論争の泥沼に足をとられては、機械の明晰(めいせき)な世界からは遠ざかるばかりだ。そこで彼は「模倣ゲーム」という、巧妙な「テスト」を考えた。のちに「チューリング・テスト」と呼ばれることになるこのアイディアによって、彼は「機械が考えるとはどういうことか？」という哲学的な問いを、探究の表舞台から葬(ほうむ)り去った。彼はこれによって人工知能の夢を、検証可能な科学にしたのだ。

彼はこうして「本当の心」を覆(おお)う何重もの皮を、剝き続けることをやめなかった。弛(たゆ)まず、ただ「芯」だけをめがけて歩み続けた。もちろん、目指すべき芯が本当にあるかはわからない。心は機械なのか、そうでないのか。それは、解いてみるまで、解けるかわからないパズルなのだ。

岡潔もまた、数学研究を契機として、心の究明へと向かっていった。ただし、方法はチューリングのそれとは大きく違う。チューリングが、心を作ることによって心を理解しようとしたとすれば、岡の方はいいい心になることによって心をわかろうとした。チューリングが数学を道具として心の探究に向かったとすれば、岡にとって数学は、心の世界の奥深くへと分け入る行為そのものであった。道元にとって禅がそうであったように、また芭蕉にとって俳諧（はいかい）がそうであったように、彼にとって数学は、それ自体が一つの道だったのだ。

心は玉ねぎのように、手で持つことができるような、動かぬ実体ではないのである。知ろう、わかろうとするこちらの姿勢が、そのまま知りたい、わかりたい心のあり方を変える。心を知ろうとするときに、知りたいこちらと、知られるあちらを、分けることなどできないのである。

岡は心を論じるときに、野菜の皮より、種子を語った。種子は育ち、大きくなる。その変容する力に種子の生命がある。玉ねぎを生んだ種子。その種子を包み込む土壌。玉ねぎの本質はその空間的「中心」よりも、むしろその外、その過去の方にある。心の外。心の過去。物理的な肉体の中に閉じ込められない、心の本来の広がりを取り戻そうと、岡は「情緒」という言葉に、新たな意味を吹き込もうとしたのだ。

人間が生み出す数学の道具は、時代や場所とともにその姿を変える。道具が変われば、それを用いる数学者の行為、さらにはその行為が生み出す「風景」も変わる。数学と、数学する者とが互いに互いを編むように、数学の長い歴史が紡（つむ）がれてきた。

特に、西欧世界で生まれた近代数学は、記号と計算の力を借りて、かつてない高みにまで登り詰めた。記号の徹底は、数学の抽象化を進めるとともに、素朴な幾何的・物理的直観に依存しない、機械的な計算や論証を可能にした。

それまで数学を支えていた人間の直観は、曖昧(あいまい)で間違いやすいものとして不安視されて、数学から身体をそぎ落としていくかのように、数学の形式化が進んだ。数学を、機械でも実行できるような記号操作の体系に還元することが、数学という営みを救う唯一(ゆいいつ)の道だと考える人たちまで現れた。

チューリングが心の機能のうち、機械で実現できる部分を、皮として少しずつ剝いていったのと同じように、数学という営みのうち、人間の直観や感性を必要としない部分を、一枚、一枚剝き取っていくこともできる。が、果たしてそれが「本当の心」「本当の数学」へと向かう道なのか、それは疑わしいと思う。玉ねぎがただの皮の集まりだったとしても、依然としてそれを生んだ種子の力は、「剝き取る」ことのできない不思議のままだ。

動かぬ芯としての心、変わらぬ中心としての数学などというものは幻想である。心は変容し続けるものであり、数学もまた動き続けるものだからだ。肝心なのは、動かぬ中心ではなくて、絶えず動き続ける生成の過程そのものである。

だからこそ、心を知るためにはまず心に「なる」こと、数学を知るためにはまず数学「する」こと。そこから始めるしかないのである。

数学と数学する身体とは、これからも互いに互いを編みながら、私たちの知らない新たな風景を、生み出し続けることになるだろう。

# あとがき

こうして一冊の本を書き上げてみると、なんだかちっともこの本の著者が、自分だけだという気がしないのである。確かに自分一人で机の前で頭を抱え、言葉になる前の構想に胸が高鳴り、表現にならない表現を何とか形にしようと格闘する日々に孤独を感じることがなかったといえば嘘になるが、こうして構想が言葉になり、表現が一冊の本として実を結んでみると、やはり自分は少しも一人ではなかったのだと気づくのだ。

季節を奏でる虫の音色。パリッと乾いた洗濯物を照らす夏の陽光。庭の紫陽花。夜空を照らす月の表情……。好きな小説。雨の音。椿の蜜を吸うメジロと、家の壁を這うヤモリ……。そのどれが欠けてもこの本は、形にならなかっただろうと思う。要するに、この世にあるという経験のすべてが、この本の成立を支えているのだ。

ありがたい、と思う。「数学する身体」というこの本のモチーフは、実際「有り難い」と形容する他ないような、数々の出会いから生まれたのである。

中学二年生のときに、武術家・甲野善紀氏の身体的知性に触れたことは幸運であった。以来、「甲野先生」の存在が、私が身体を考えるときの道標であり、私にとっての「独立した研究者」の模範である。また、いまやスマートニュース株式会社の会長として、実業の世界で大活躍されている鈴木健氏は、大学時代に出会った小石祐介と共に、私に数学の最初の喜びを教えてくれた人だ。「健さん」の存在がなければ、文系から数学科に転向することも、「数学する身体」というモチーフが生まれることもなかっただろう。私は現在、どこの組織や研究室に所属するわけでもない独立研究者として活動しているが、甲野先生と健さんは、私にとって今も変わらず研究、学問の師である。

この本は連載に先立って、二〇〇九年の秋から全国各地で開催している「数学の演奏会」や「大人のための数学講座」など、数学をテーマにしたトークライブの内容がベースになっている。

私の最初の講演の場を主催してくださり、以来、さまざまな挑戦を共にしている株式会社セイントクロスの大塚聖さん。全国で最初の「数学の演奏会」を主催してくださった牧野圭子さんと、以来、名古屋でのイベントを毎回素晴らしいホスピタリティで盛り立ててくださる加藤陽子さん、瀬ノ上裕介さんと一本ゲタ大使館のみなさん。いつも柔軟で鷹揚な精神で東京の講座を主催してくださる伊藤康彦さんはじめ、NOTHのみなさん。そして、東京と京都で定期的に開催している「数学ブックトーク」の主催や『別冊みんなのミシマガジン』の発行等を通して私の活動をいつも応援してくださっている三島邦弘さんはじめミシマ社のみなさん。福山の夢飛脚のみなさん、岐阜のNU-BIAの塚本健雄さん、大阪の先崎寛子さん、〇塾の宇高幸治さん、OMAR BOOKS（沖縄）の川端明美さん、水王舎（東京）の中村博明さん、そして京都の藤原眞至さん。こうした方々との得難い出会いと、彼ら、彼女らと少しずつ育ててきた学びの場がなければ、この本が生まれることもあり得なかった。

また、連載開始からここに至るまでの苦楽を共にしてきた新潮社の足立真穂さん。何としてでも良い本を世に届けようとする彼女のプロ意識の高さと情熱には、私も全幅の信頼を寄せている。一冊目で仕事を共にできたことが本当に幸せであった。

そして、平坦とは言えない独立研究者の道を、共に歩んでくれる妻。いまもふと目を挙げると、彼女に水をもらった庭の植物たちが、嬉しそうに日の光を浴びている。心は他と通い合うものだと私に教えてくれたのは、彼女の存在である。

最後に、私の創造意欲を私の知らないところで支えてくれた、見えない風、道端の蟻(あり)、土中のミミズや遠く離れた無数の星雲に感謝したい。これは、筆者の想像もしなかったものたちによって書かれた本なのである。

# 註（＊文献については、２０８頁をご参照ください）

## 第一章　数学する身体

1　下村寅太郎『科学史の哲学』p. 73

2　Stanislas Dehaene, *The Number Sense*

3　ヴィクター・J・カッツ『カッツ　数学の歴史』p. 7

4　ドゥニ・ゲージ『数の歴史』p. 37

5　『カッツ　数学の歴史』p. 265。「ゼロ」を表わす記号の最古の使用例は、バクシャーリー村（現パキスタン）付近で発見された『バクシャーリー写本』にある。従来は、この写本は7世紀頃のものと推定されていたが、２０１７年9月、オクスフォード大学ボドリアン図書館は、放射性炭素年代測定の研究チームと共同で、この写本の執筆時期が西暦２２４年から３８３年の間であることを明らかにしたと発表している。

6　「三平方の定理」は「ピタゴラスの定理」とも呼ばれ、世界的には後者の呼び名が一般的である。だが、定理の主張はピタゴラス以前から経験的に知られていた。ピタゴラス自身がこの定理を「証明」した可能性は低い。

7　ただし、原本は存在しないので、手書きの写本を通して、その内容を読み取るしかない。現在出版されている『原論』の各国語訳は、いずれもデンマークの古典学者ハイベアによるギリシア語校訂版に基づいている。

8　ただし、第5巻は比と比例についての基礎的な理論を扱っている。

9　斎藤憲「数学史のパラダイム・チェンジ」（『現代思想　2000年10月増刊号　総特集：数学の思考』所収）

10　同前

11　「『美術』の歴史の始まりをどこに置くかを問うたとき、狩りや調理など実用のためではない、『みて、感じる』ための道具がつくりだされた時点という答えは、大きな説得力を持つ」（橋本麻里『京都で日本美術をみる　京都国立博物館』）

12　伊東俊太郎「人は数学に何を求めてきたか」（『考える人　2013年夏号』所収インタビュー）p.42

13　ハイデッガーの1935―36年フライブルク大学冬学期の講義録 *Die Frage nach dem Ding*（邦訳版『物への問い　超越論的原則論に向けて』）所収。筆者が参照したのは英訳版（*Modern science, Metaphysics, and Mathematics*）。

14　この講演は、アンディ・クラーク『現れる存在』の巻末に「付録　エジンバラ大学哲学教授　論理学・形而上学（けいじじょうがく）講座主任教授　アンディ・クラーク氏による講演とディスカッション」として収録されている。

15 Triantafyllou, M. and Triantafillou, G. An efficient swimming machine. *Scientific American* 272 (3), pp.64-71, 1995. 本文の記述は『現れる存在』第11章に基づいている。

16 「使用法」の原文は英語で書かれている。ここでは、塚原史による訳文（『荒川修作の軌跡と奇跡』pp.177-178）を掲載した。

## 第二章 計算する機械

1 『岡潔集第四巻』「梅日和」

2 『エウクレイデス全集第1巻原論Ⅰ—Ⅵ』p.230

3 斎藤憲「古代ギリシアの数学」（『西洋哲学史Ⅰ』所収）p.176

4 プラトン『国家』五二七A—B

5 古代の文献の中ではA、B、C、Dの文字の代わりに、ここに具体的な幾何的対象を指す表現が入る。

6 アルパッド・サボー『ギリシア数学の始原』

7 定義の個数は後世の編集者の番号付けによる。23個というのは現代の校訂版における個数である。

8 『エウクレイデス全集第1巻原論Ⅰ—Ⅵ』p.184

9 斎藤憲『ユークリッド「原論」とは何か』

10 生没年は諸説あるが、ここは『カッツ 数学の歴史』にしたがった。

11 もともとは「ジャブル」も「ムカバラ」も、方程式を解きやすい形に変形する手順のことで、いまでいう「移項」の手続きの特別な場合に相当する。具体的には「ジャブル」は、式の一辺から引かれた量を、もう片辺に加える操作を指す。「ムカバラ」は、式の両辺から等しい量を引き、正の項を小さくする操作を指す。たとえば、$4x + 3 = 5 - 3x$ を $7x + 3 = 5$ に変形するのは「ジャブル」の例で、これをさらに $7x = 2$ に変形するのは「ムカバラ」の例である。この「ジャブル」に定冠詞「アル」がついた「アルジャブル」がやがて、数学分野を指す名前に変わった。

12 ジョセフ・メイザー『数学記号の誕生』p.160

13 訳は中村幸四郎『近世数学の歴史』による。

14 古代ギリシア数学の遺産とインド-アラビア流の計算術、そしてイスラーム世界から到来したアルジャブルの混淆の中に近代西欧数学の芽が育まれていった様子については、佐々木力『数学史』、同『数学史入門』などに詳しい。

15 E・T・ベル『数学をつくった人びとI』によると、フランスの数学者フランソワ・アラゴ（一七八六—一八五三）の言葉。

16 ニコラ・ブルバキ『ブルバキ数学史 上』pp.54-55

17 後にリーマン面の理論を厳密に定式化したヘルマン・ワイル（一八八五—一九五五

五）の言葉（ヘルマン・ワイル『リーマン面』）。

18「ラッセルのパラドクス」とは、「自分自身を要素として含まない集合」をすべて集めた集合を考えると矛盾が生じる、というパラドクスのことである。それは、「素朴集合論」と呼ばれる当時の集合の理論の正当性に大きな疑問を投げかける発見だった。

19 ある形式系が「矛盾している」とは、その体系の言語の中に、肯定的にも否定的にも証明されるような言明が存在することをいい、矛盾していない形式系のことを無矛盾な形式系と呼ぶ。

20 ゲーデルの論文「プリンキピア・マテマティカおよび関連した体系の形式的に決定不能な命題について I」（Über formal unentscheidbare Sätze der Principia Mathematica und verwandter Systeme, I. *Monatshefte für Mathematik und Physik* 38, pp. 173-198, 1931）には二つの主定理があり、現在ではそれぞれ第1不完全性定理、第2不完全性定理として知られている。このうち「第1不完全性定理」は、初等的な自然数論を含む ω 無矛盾な形式系は不完全である、すなわち、その形式系の言語で表されるが、その形式系では証明も反証もできない命題が存在することを主張する。ここでゲーデルの言う「ω 無矛盾」は「無矛盾」よりもやや強い概念だが、1936年にアメリカの論理学者J・バークリー・ロッサーによってこの条件が緩められ、無矛盾性の仮定だけから形式系の不完全性が証明できることが示された。さらに、「第2不完全性定理」によれば、初等的な自然数論を含む形式系が無矛盾であるならば、その無矛盾性はその形式系内では証明できない。数学理論の全体を形式系に写し取った上で、その形式系の無矛盾性を「有限の立場」で証明するという、ある種の自己完結的な無矛盾性証明を目指していたヒルベルト計画にとって、これは致命的な打撃を与える結果であった。ただし、ヒルベルト自身は「有限の立場」を特定の形式系として明確に規定していたわけではないので、ヒルベルト計画が直接的に否定されたわけではなく、「有限の立場」を拡大解釈することで依然として計画の遂行が可能であるという考え方もある。

21　空間の上に定義された関数の集まりを、それ自体一つの「空間」とみなすことがある。こうして一つの空間とみた関数の集まりを「関数空間」と呼ぶ。

22　「位相空間」とは、空間の持つ「遠近」の定性的な性質を公理として抽出することで定義される数学概念で、現代数学において非常に大きな役割を果たす。

23　On Computable Numbers, with an application to the Entscheidungsproblem, *Proceedings of the London Mathematical Society* (2), 42, pp. 230-265, 1936.

24　チューリングは論文の中で、論理の数学的モデルの一つである「一階述語論理」の決定問題を否定的に解決した。すなわち、「一階述語論理の体系の中で許される記号を使って構成された任意の命題に対して、その命題がその体系において証明できるか否(いな)かを判定するような機械的手順は存在しない」ことを彼は証明したのである。ただし、この問題については、チューリングとは独立にプリンストン大学のアロンゾ・チャーチが同じ結果に到達し、それをチューリングよりもわずかに早く論文として出版していた。

そのため、チューリングのこの論文は、示した結果によってではなく、結果を示すために導入された「チューリング機械」という独創的な計算のモデルによって記憶されることになった。

25　Systems of Logic Based on Ordinals, *Proceedings of the London Mathematical Society* (2), 45, pp. 161-228, 1939.

26　bombe は英語では、bomb（爆弾）と同じように「ボム」と発音される。チューリングに関する日本語文献では、これを「ボンブ」あるいは「ボンベ」と表記する場合もある。

27　アンドルー・ホッジスは『エニグマ　アラン・チューリング伝』の中で、エニグマの設定についての「仮説」が導く「矛盾」を機械的に検出するチューリング・ボムの原理が「驚くほど数理論理学の原理に似ていた」という興味深い指摘をしている。

28　この論文はチューリングの死後14年間ものあいだ未公開だったため、ニューラルネットワークの理論の形成期に、本質的な影響を与える機会はなかったものと思われる。

29　Computing Machinery and Intelligence, *Mind*, 59, (236), pp. 433-460, 1950.

30　*Ibid.*

31　Solvable and Unsolvable Problems, *Science News*, 31, pp. 7-23, 1954.

## 第三章　風景の始原

1 小林秀雄「蘇我馬子の墓」
2『岡潔集第三巻』「絵画」
3 Stanislas Dehaene, *The Number Sense*, p. 239
4 *Ibid.*, p. 239
5 *Ibid.*, p. 241
6 *Ibid.*, p. 243
7 *Ibid.*, p. 69
8 *Ibid.*, p. 245
9 *Ibid.*, p. 246
10「絵画」
11 V・S・ラマチャンドラン『脳のなかの天使』

## 第四章　零の場所

1 岡潔「H. Poincaré の問題について　素材其の一」(『岡潔先生遺稿集第三集』所

収）

2 「和算では、一理を諒解させようとする場合、その理に関する数個の実例をあげてそれらを理解させ、その後に類推して理論全体の理解へと導いていこうとするのが通例である。洋算はそうではなく、どこまでも諄々として理論を展開し、その後に実例を提示して理論と応用の理解を定着させようとする」（高瀬正仁『高木貞治とその時代』p. 159）

3 岡潔『昭和への遺書　敗るるもまたよき国へ』pp. 109-110

4 『岡潔集第四巻』「ラテン文化とともに」

5 『岡潔集第一巻』「春の草（私の生い立ち）」

6 *Ibid.*

7 許六・去来『俳諧問答』「答許子問難辨」には「一世の内秀逸の句三・五あらん人ハ、作者也。十句に及ぶ人ハ名人也」とある。芥川龍之介はこれを「芭蕉雑記」で紹介している。岡潔は後者をエッセイの中でしばしば引用している。

8 『岡潔集第二巻』「湖底の故郷」

9 『岡潔集第二巻』「夜明けを待つ」

10 実数 $a$ と $b$ を用いて $a+b\sqrt{-1}$ と表せる数のことを複素数という。

11 ここでは「解析関数」という言葉をやや漠然とした意味で使用しているが、解析関数は、極を持たない「正則関数」と極を持ってもよい「有理型関数」のどちらかを指す場合もあり、1906年に証明されたハルトークスの定理は、より正確には「内分岐しない正則関数の存在域は擬凸状である」ことを主張するものである。続いて1910年にE・E・レビによって「内分岐しない有理型関数の存在域もまた擬凸状である」という事実が証明され、ワイエルシュトラスの予想は完全に覆(くつがえ)された。これに対して「内分岐しない擬凸状領域は正則域か」と問うのが「ハルトークスの逆問題」である。岡潔の業績についてのより詳しい解説には、高瀬正仁「岡潔晩年の夢 内分岐域の世界」(『紀見峠を越えて 岡潔の時代の数学の回想』所収)、大沢健夫『岡潔 多変数関数論の建設』などがある。

12 「ラテン文化とともに」

13 「数学の歴史を語る」(『数学セミナー 1968年9月号』所収)

14 『岡潔集第一巻』「春宵十話」

15 同前

16 ただし、三高時代の同期だった谷口豊三郎からの経済援助や、岩波茂雄が創設した「風樹会」の奨学金など、わずかな収入はあった(高瀬正仁『岡潔 数学の詩人』)。

17 『春雨の曲』(第七稿)

18 『岡潔集第二巻』「春の日、冬の日」

19 『三冊子(さんぞうし)』『旅寝論』が出典だが、ここでは『岡潔集第二巻』「女性と数学」の中で、岡潔が紹介している形のまま引用した。

20 ドイツの代数学者エミル・アルティンによる、ブルバキ『数学原論』「代数」巻の書評中の言葉。(Emil Artin, Review of Bourbaki's Algebra, *Bulletin of the American Mathematical Society*, 59, pp. 474-479, 1953)

21 河合良一郎「岡潔先生とアンドレ・ヴェイユ」(『大学への数学 1987年10月号』所収)

22 『岡潔集第二巻』「人の世」

23 万葉集 巻第八 一四二二 尾張連(むらじ)の歌

24 『岡潔集第一巻』「宗教について」

## 終章 生成する風景

1 T. S. Eliot, *Little Gidding* より。訳は原文と岩崎宗治訳を参照して作成した。

# 参考文献

Andy Clark, *Supersizing the Mind*, Oxford University Press, 2008.

Andy Clark, *Being There*, MIT Press, 1997.（邦訳版『現れる存在　脳と身体と世界の再統合』池上高志・森本元太郎監訳、NTT出版、2012）

B.Jack Copeland, *The Essential Turing*, Oxford University Press, 2004.

Martin Davis, *The Universal Computer*, A K Peters/CRC Press, 2012.

Stanislas Dehaene, *The Number Sense*, Revised & Expanded Edition, Oxford University Press, 2011.

T. S. Eliot, *Four Quartets*, Mariner Books, 1968.

José Ferreirós, *Labyrinth of Thought*, Birkhäuser Verlag, 2007.

Donald Gillies, *Revolutions in Mathematics*, Oxford University Press, 1995.

Martin Heidegger, *Basic Writings*, Harper Perennial Modern Thought, 2008.

Andrew Hodges, *Alan Turing: The Enigma*, Vintage Books, 2014.（邦訳版『エニグマ アラン・チューリング伝〈上・下〉』土屋俊・土屋希和子訳、勁草書房、2015）

Georges Ifrah, *The Universal History of Numbers*, John Wiley & Sons, Inc., 2000.（邦訳版『数字の歴史　人類は数をどのようにかぞえてきたか』弥永みち代・後

平隆・丸山正義訳、平凡社、1988）
Reviel Netz, *The Shaping of Deduction in Greek Mathematics*, Cambridge University Press, 1999.
Kiyoshi Oka, *Collected Papers*, Springer-Verlag, 2014.
Walter Jackson Ong, *Orality and Literacy: The Technologizing of the Word*, Routledge, 2002.（邦訳版『声の文化と文字の文化』桜井直文・林正寛・糟谷啓介訳、藤原書店、1991）

芥川龍之介『芥川龍之介全集7』ちくま文庫（1989）
秋月康夫『輓近(ばんきん)代数学の展望』ちくま学芸文庫（2009）
足立恒雄『フレーゲ・デデキント・ペアノを読む　現代における自然数論の成立』日本評論社（2013）
飯田隆責任編集『哲学の歴史11　論理・数学・言語』中央公論新社（2007）
池内紀『日本風景論』角川選書（2009）
池上高志＋鈴木健「Natural Intelligence　計算プロセスとしての自然現象」『InterCommunication（No.59）』NTT出版（2007年冬号）
伊藤和行編『コンピュータ理論の起源　第1巻　チューリング』佐野勝彦・杉本舞訳・解説、近代科学社（2014）

伊東俊太郎『伊東俊太郎著作集 第2巻 ユークリッドとギリシアの数学』麗澤大学出版会（2009）
大駒誠一『コンピュータ開発史』共立出版（2005）
大沢健夫『岡潔 多変数関数論の建設』現代数学社（2014）
岡潔『昭和への遺書 敗るるもまたよき国へ』月刊ペン社（1968）
岡潔『岡潔集 第一巻～第五巻』学研（1969）
岡潔『日本のこころ』講談社文庫（1971）
フロリアン・カジョリ『復刻版 カジョリ 初等数学史』小倉金之助補訳、共立出版（1997）
ヴィクター・J・カッツ『カッツ 数学の歴史』上野健爾・三浦伸夫監訳、共立出版（2005）
神崎繁・熊野純彦・鈴木泉責任編集『西洋哲学史I「ある」の衝撃からはじまる』講談社選書メチエ（2011）
菊池誠『不完全性定理』共立出版（2014）
許六・去来『俳諧問答』岩波文庫（1954）
倉田令二朗『多変数複素関数論を学ぶ』日本評論社（2015）
ジェレミー・J・グレイ『ヒルベルトの挑戦 世紀を超えた23の問題』好田順治・小野木明恵訳、青土社（2003）

ドゥニ・ゲージ『数の歴史』藤原正彦監修、南條郁子訳、創元社（1998）
ゲーデル『不完全性定理』林晋・八杉満利子訳・解説、岩波文庫（2006）
小林秀雄『小林秀雄全集　第九巻』新潮社（2001）
小林秀雄・岡潔『人間の建設』新潮文庫（2010）
小林道夫『デカルト入門』ちくま新書（2006）
B・ジャック・コープランド『チューリング　情報時代のパイオニア』服部桂訳、NTT出版（2013）
斎藤憲『ユークリッド「原論」の成立　古代の伝承と現代の神話』東京大学出版会（1997）
斎藤憲『ユークリッド「原論」とは何か　二千年読みつがれた数学の古典』岩波科学ライブラリー（2008）
斎藤毅「ブルバキ」（『数学セミナー』２００２年４月号）
佐々木力『二十世紀数学思想』みすず書房（2001）
佐々木力『デカルトの数学思想』東京大学出版会（2003）
佐々木力『数学史入門　微分積分学の成立』ちくま学芸文庫（2005）
佐々木力『数学史』岩波書店（2010）
アルパッド・K・サボー『数学のあけぼの　ギリシアの数学と哲学の源流を探る』伊東俊太郎・中村幸四郎・村田全訳、東京図書（1976）

アルパッド・サボー『ギリシア数学の始原』中村幸四郎ほか訳、玉川大学出版部（1978）
下村寅太郎『科学史の哲学』みすず書房（2012）
ジョージ・G・ジョーゼフ『非ヨーロッパ起源の数学　もう一つの数学史』垣田高夫・大町比佐栄訳、講談社ブルーバックス（1996）
サイモン・シン『暗号解読〈上・下〉』青木薫訳、新潮文庫（2007）
鈴木俊洋『数学の現象学　数学的直観を扱うために生まれたフッサール現象学』法政大学出版局（2013）
ジョージ・ダイソン『チューリングの大聖堂　コンピュータの創造とデジタル世界の到来』吉田三知世訳、早川書房（2013）
高木貞治『近世数学史談』岩波文庫（1995）
高瀬正仁『評伝岡潔　星の章』海鳴社（2003）
高瀬正仁『評伝岡潔　花の章』海鳴社（2004）
高瀬正仁『岡潔　数学の詩人』岩波新書（2008）
高瀬正仁『紀見峠を越えて　岡潔の時代の数学の回想』萬書房（2014）
高瀬正仁『高木貞治とその時代　西欧近代の数学と日本』東京大学出版会（2014）
田中一之編『ゲーデルと20世紀の論理学〈1〉ゲーデルの20世紀』東京大学出版会（2006）

塚原史『荒川修作の軌跡と奇跡』ＮＴＴ出版（2009）
デカルト『精神指導の規則』野田又夫訳、岩波文庫（1950）
ルネ・デカルト『方法序説』山田弘明訳、ちくま学芸文庫（2010）
ルネ・デカルト『幾何学』原亨吉訳、ちくま学芸文庫（2013）
照井一成『コンピュータは数学者になれるのか？』青土社（2015）
スタニスラス・ドゥアンヌ『数覚とは何か？　心が数を創り、操る仕組み』長谷川眞理子・小林哲生訳、早川書房（2010）
中村幸四郎『近世数学の歴史　微積分の形成をめぐって』日本評論社（1980）
中村滋、室井和男『数学史　数学５０００年の歩み』共立出版（2014）
アドリアン・バイエ『デカルト伝』井沢義雄・井上庄七訳、講談社（1979）
橋本麻里『京都で日本美術をみる　京都国立博物館』集英社（2014）
林晋「ヒルベルトと二十世紀数学　公理主義とは何だったか？」（『現代思想　２０００年10月臨時増刊号　総特集：数学の思考』青土社）
林隆夫『インドの数学　ゼロの発明』中公新書（1993）
林知宏『ライプニッツ　普遍数学の夢』東京大学出版会（2003）
T・L・ヒース『復刻版　ギリシア数学史』平田寛・菊池俊彦・大沼正則訳、共立出版（1998）
プラトン『国家〈上・下〉』藤沢令夫訳、岩波文庫（1979）

ニコラ・ブルバキ『ブルバキ数学史〈上〉』村田全・清水達雄・杉浦光夫訳、ちくま学芸文庫（2006）
チャールズ・ペゾルド『チューリングを読む　コンピュータサイエンスの金字塔を楽しもう』井田哲雄・鈴木大郎他訳、日経BP社（2012）
E・T・ベル『数学をつくった人びとI・III』田中勇・銀林浩訳、ハヤカワ文庫NF（2003）
ハル・ヘルマン『数学10大論争』三宅克哉訳、紀伊國屋書店（2009）
カール・B・ボイヤー『数学の歴史1　エジプトからギリシャ前期まで』加賀美鐵雄・浦野由有訳、朝倉書店（1983）
カール・B・ボイヤー『数学の歴史4　17世紀後期から18世紀まで』加賀美鐵雄、浦野由有訳、朝倉書店（1984）
M・マシャル『ブルバキ　数学者達の秘密結社』高橋礼司訳、シュプリンガー・フェアラーク東京（2002）
マイケル・S・マホーニィ『歴史の中の数学』佐々木力編訳、ちくま学芸文庫（2007）
向井去来・服部土芳『去来抄・三冊子・旅寝論』ワイド版岩波文庫（1993）
村田全『数学史の世界』玉川大学出版部（1977）
ジョセフ・メイザー『数学記号の誕生』松浦俊輔訳、河出書房新社（2014）
K・メニンガー『図説　数の文化史　世界の数字と計算法』内林政夫訳、八坂書房

(2001)
安田登『日本人の身体』ちくま新書（2014）
山川偉也『古代ギリシアの思想』講談社学術文庫（1993）
ユークリッド『エウクレイデス全集第1巻原論Ⅰ—Ⅵ』斎藤憲・三浦伸夫訳・解説、東京大学出版会（2008）
ユクスキュル／クリサート『生物から見た世界』日高敏隆・羽田節子訳、岩波文庫（2005）
吉田洋一・赤攝也『数学序説』ちくま学芸文庫（2013）
D・ラウグヴィッツ『リーマン　人と業績』山本敦之訳、シュプリンガー・フェアラーク東京（1998）
V・S・ラマチャンドラン『脳のなかの天使』山下篤子訳、角川書店（2013）
C・リード『ヒルベルト　現代数学の巨峰』彌永健一訳、岩波現代文庫（2010）
ロシュディー・ラーシェド『アラビア数学の展開』三村太郎訳、東京大学出版会（2004）
ヘルマン・ワイル『リーマン面』田村二郎訳、岩波書店（2003）

# 解説

鈴木 健

『数学する身体』と名付けられた本書は、生命が矛盾を包容するとはどういうことか、そのことがテーマとして貫かれている。数学と身体の間には一見すると矛盾がある。数学は三人称性を纏(まと)って形式化と記号化に邁進(まいしん)し、身体はその成り立ちからして一人称的である。これは論理学的な矛盾ではなく、直感的なものである。したがってこの矛盾は、数学そのものによって乗り越えられるものではない。

著者の森田真生は、この矛盾を恐れることなく、相反するふたつのアプローチからにじり寄る。ひとつは、豊富な数学史の事例と身体性認知科学によるアプローチである。そもそも古代にはさほど形式的でなかった数学が、数千年の発展の後に、1936年のチューリングの論文において形式の極限に至るまでの歴史を概観するとともに、近年の人工進化や身体性認知科学の知見を結びつけ、数学をするという行為が生物学的にはある種の「建築」に他ならないことを喝破する。ひとつめのアプローチは極めて科学的である。

一方のアプローチは、より文学的である。その力強い文体は、はじめから「確信」をもって答えを知っているかのようだ。一端は、岡潔が芭蕉を参照しながら「情緒」を論ずるところにみられるが、より主観的には森田さんがバスケをプレーしていた話や、最初に岡潔の『日本のこころ』を手にしたときの解放感に表れている。本書では外堀を埋めるようにしか記述されていないが、数学をすること、そして数学的な発見による喜びを体感すること、数学による自らの身体感覚の変化を自覚することが、この「確信」を生み出しているに違いない。

本書は、高い評価とともに、史上最年少で小林秀雄賞を著者にもたらしたが、その小林秀雄と岡潔が対談した『人間の建設』という本がある。そこで、小林秀雄は岡潔を「確信の人」として見出している。

「それからもう一つ、あなたは確信したことばかり書いてらっしゃいますね。自分の確信したことしか文章に書いていない。これは不思議なことなんですが、いまの学者は、確信したことなんか一言も書きません。学説は書きますよ、知識は書きますよ、しかし私は人間として、人生をこう渡っているということを書いている学者は実にまれなのです。」

岡潔の言葉が人々の心に響いたように、森田さんの言葉に心を動かされるのは、この「確信」によるところが大きい。本書のところどころに散見される森田さんの確信的主張は、たとえ根拠が完全でなくても、真実に迫るものであろうという感覚を読者に与える。一方で「確信」は、すでに体感している人には窓を開くが、そうでない人の心の窓を閉ざしてしまう。そこで、数学史と身体性認知科学による前者のアプローチを入念に用意し、この確信を補完しているのである。

著者が確信をもちうるのは、はじめから正しいということを知っているからである。「はじめから知っていることについて知ろうとする」という意味が数学の語源に内包されているというハイデッガーの主張が紹介されているが、身体的確信を深めていくために関心を集めていくのが数学であるという岡潔の考えとも、森田さん自身の生き方とも同期するものであろう。

禅の修行のように、よく生きるために数学をするという人は、現代において絶滅危惧種になっているのかもしれない。著者は、自らを含めたそんな絶滅危惧種を救済するために、全身全霊で数学の可能性を訴える。

読者に問われているのは、数学史や認知科学の知識でもなく、岡潔についての解釈の妥当性でもない。生きること、数学をすることへの態度変容がどのように起きたのかだけが、問われているのである。座禅の本を読んでも座禅をしなければ意味がない。本書を手にとった読者が少しでも新しい心持ちで数学をすることになれば、著者の意図は達成されたということになろう。

本書が明らかにするのは、高度な抽象化や記号化を伴う数学が、あくまで生身の人間が行う営為であるという事実である。近年の認知科学、人工生命、身体性ロボティクスの成果を織り交ぜつつ数学史を概観することで、そのことを見事に描き出している。しかしそれだけでは、数学者の営為がわれわれの日常生活となんら変わらない身体性を伴った活動であるという身も蓋もない話だけになってしまう。本書が秀逸なのは、アラン・チューリングと岡潔という「身体性と心」に自覚的なふたりの数学者の思考の来歴を通じて、心の謎に迫るところにある。

ところで、本書を読むと、森田さんの関心が明らかにアラン・チューリングよりも岡潔に注がれていることに気づく。チューリングにとって心が、機械的な方法で探求しようにも、玉ねぎの皮をどこまでむいても芯にたどり着けないような無限遠点としてあくまで措定されているのに対し、岡潔においては、心は情緒として、すでにそこにあるものなのである。

生身の人間、森田さんを知る私にとって新鮮な驚きだったのは、森田さんのわかり方が新しい世代を感じさせるものだったからだ。自身の時代では、カントールの対角線論法からゲーデルの不完全性定理、チューリング機械の停止問題など、理性の可能性を極限まで追求したあげく理性の限界が垣間見え、そこに心の問題や意識の問題の真髄が宿るのではないかと考えていたものだった。

森田さんの場合は、はじめに身体性があるのだから理性の限界など当たり前であって、何を今更言っているのだという体である。出会ったばかりの森田さんは、近年の身体性の認知科学に関する知識があったわけではない。そういった知識がないうちから直観で語っていた。これは岡潔のいう情緒が、森田さんの若いうちから耕されていたからなのだろう。余計な迂回をすることなく、はじめから正しい洞察のもとに学問をするほうがよいに決まっている。

岡潔のいう「情緒」とは何か、岡の著作から理解することは難しい。初期においては極めて直感的で具体的であった情緒という概念が、恐らく周りからわかりにくいと言われたのであろうか、途中から人工的概念へ整理整頓されてゆく。森田さんの説明は岡自身の言葉よりわかりやすい。本人よりわかりやすく説明できるというのは、森田さんのもつ優れた能力である。私自身、伝播投資貨幣という新しい貨幣システムを発明したのだが、発明した本人の説明が詰まるところさえも、森田さんが補完して説明してくれて助かったことが何度かある。

情緒が、心を通わせるものなのであれば、心を通わせたものだけが書きうる解説というものがあるだろう。小林秀雄は『人間の建設』でこうも言っている。

「実物を知っていて読んだということでおもしろいのが俳句だね。そうすると、芭蕉という人を、もしも知っていたら、どんなにおもしろいかと思うのだ。あの弟子たちはさぞよくわかったでしょうな。いまは芭蕉の俳句だけ残っているので、これが名句だとかなんだとかみんな言っていますがね。しかし名句というものは、そこのところに、芭蕉に附き合った人だけにわかっている何か微妙なものがあるのじゃないかと私は思うのです。」

最後に、私だけが知る森田さんを紹介してみたい。

初めて森田さんと会ったときのことをよく覚えている。当時私が大学院生として研究をしていた東大駒場キャンパスの3号館の研究室に、シリコンバレーのベンチャーキャピタリストから紹介があってやってきたまだ19歳の若者であった。私は自分が研究していた貨幣システムの話をして、森田さんはいきなり袖(そで)をまくって古武術の動きを教えてくれた。

森田さんが数学に興味をもったのは、十数年前のクリスマス・イブになぜか二人でバーで飲みながら、カントールの対角線論法を伝えたのがひとつのきっかけになっている。カントールの対角線論法は、私が大学時代にもっとも戦慄(せんりつ)した手法だったので、クリスマスプレゼントとして適切だと思ったからだ。そのときの、カントールの対角線論法が正しいとは全く納得出来ないと、不快な表情で訴えた反応は、情緒でわかるまではわかったとしない森田さんならではであろう。

その後、数学の道に入ることになり、とくに代数幾何学の世界に魅了されるに至り、森田さんが数学について熱く語ることがあった。その姿が私には数学の真理性と美そのものに埋没しているように見えた。森田さんの数学観には時間がない、生命の猥雑(わいざつ)さがないと指摘すると、またしても不快な表情でこちらを睨(にら)みつける。なんとも居心地の悪い師弟関係である。

私にとって、本書はそうしたやりとりへの森田さんなりの見事な回答として読むことができる。そしていま彼は、ヨーロッパで英語で「情緒」について語るという難しい挑戦にも取り組んでいる。翻訳不可能な概念を説明するという困難さに直面したとき、それは新たな数学を生み出すきっかけになるのではないかとすら思う。

数学は普遍性の学問であると考えられている。宇宙生物学の父であるカール・セーガンが、二万五千光年離れた球状星団M13にいるかもしれない宇宙人に向けて、メッセージを電波望遠鏡から送ろうと考えたときに、素因数分解を手法として使った。電波に乗せられた情報量はちょうど23×73という素数×素数の積になっていて、知的生命体がもしいれば、素因数分解をして並べてみて情報を復号できるに違いないと考えたのだ。

数学は自由なものである。くしくもチューリングが発明した、推論規則自体を数として扱うことができるプログラム格納式のコンピュータのように、あらゆる数学体系をつくることができる。人工生命の定義の一つに、「ありえたかもしれない生命」Life as it could be というものがある。これを援用するならば、宇宙に別の知的生命体がいたときに、別の数学がありえないか、ということになる。森田さんが今後、数学の可能性、ありえたかもしれない数学に想い(は)を馳せ、生み出すことができたとしたら、これほど素晴らしいことはないだろう。

（二〇一八年三月、スマートニュース共同ＣＥＯ、学術博士）

# 文庫版あとがき

建築家の青木淳氏が著書『原っぱと遊園地』の中で、ある印象的な一枚の写真について描写している。新疆(しんきょう)アルタイ山で撮られたその写真には、草原の中に板を立てかけた一人の男と、まわりを囲む二十数人の子供たちがいる。平たい石を積み、三々五々地べたに座り、子供たちは男の話に聞き入っている。校舎が最初に建てられ、後から学びが始まるのではなく、学びが始まり、そこに「学校」という状況が生まれていくのだ。所属すべき場所に先立ち、行為はすでに始まっている。この本が生まれた経緯も、どこかこの写真の場面に似ている。

文庫に解説を寄せてくださった鈴木健さんは、私にとって、まるでアルタイ山の一人の男のような存在として現れた。草原の代わりに地下室のバーで、板の代わりに小さな紙切れを囲んで、私は彼から、最初の数学のレクチャーを受けた。

それは、一九世紀のドイツで生まれた「集合論」についての講義だった。「自然数全体と偶数全体は、どっちの方が大きいと思う？」という問いかけから始まり、健さんは、二つの無限を比較する数学者カントールの手法を、私に鮮やかに解説してくれた。カントールはまず、二つの無限の大きさが等しいとはどういうことかを定義することから始めたのである。その定義に従うならば、自然数全体と偶数全体は大きさが等しいということ、実数全体はそれよりも真に大きな集合をなすことなどが証明される。

私は、狐につままれたような気持ちになった。議論は鮮やかで、証明は明晰だけれど、どこか騙されているような感覚があった。強く惹かれるけれど、にわかには信じられない。数学に対する複雑な思いが、このとき心に植えつけられた。

健さんと私は当時、新しい企業の立ち上げに忙しかった。私は、鞄持ちをしながら、仕事の合間に、彼がふと漏らす言葉を、いちいち心に刻んだ。

あるとき「もりっちは、数学とどういう距離感で付き合っていくつもり？」と聞かれたことがある。当時の私には、思ってもみない質問である。数学との距離を測りながら生きていくなど、考えたこともない。だが、問いを発するその眼差しは、「数学とどう付き合うかは、どう生きるかと直結している」と、言外に物語っているように見えた。

健さんとの師弟関係は、私が数学科に進んだ後も続く。あるとき私が、岡潔について英語で発表したときのことである。そのプレゼンを聞いた健さんがすかさず「中身が薄いぞ」と突っ込んできた。「情緒は、感情と環境を区別しないから英語に翻訳できないとか、そういう話をするのかと思った」と言われた。あのときの健さんの言葉に、ようやく応えることができたと感じたのは、この本を書き上げたときである。解説の原稿を受け取ったとき、やっとこの本が完成したような気持ちになった。だから、本書の解説は『数学する身体』の大切な一部だ。そういう思いを込めて、通例に反するものの、解説を文庫版あとがきの前に入れてもらうことにした。

健さんの立ち上げた会社を離れ、数学を始めたいと恐る恐る打ち明けたとき、「最低十年やる覚悟があるなら応援する」と背中を押してもらった。そのとき、「新たな場所で摑みとったものを、またしっかり周囲に種として蒔いてほしい」と言われた。あれからちょうど十年を迎える今年、この本が解説とともに世に出ることになった。数学とどう付き合うかは、どう生きるかと直結している。いまはそのことを実感している。よく生きるために数学をする。そういう数学があってもいいはずである。この直感に、私は形を与えていきたい。そのためには、いまここにある数学だけでなく、「あり得たかもしれない数学（Math as it could be)」の可能性を探究していく必要がある。それはもちろん、一人でできる仕事ではない。

私は原っぱに一枚の板を立てる代わりに、読者のもとへ、この一冊の本を贈る。ここに集い、地べたに座るようにして「数学とは何か」「数学とは何であり得るのか」と、情熱を持って問うすべての読者とともに数学の未来を育んでいきたい。この本は、そんな願いを込めて蒔いた、最初の種子なのである。

森田真生

二〇一八年三月二九日

この作品は二〇一五年十月新潮社より刊行された。
イラスト　畠山モグ（図1・図2・図6）
写真　菅野健児（新潮社写真部・図3）

小林秀雄著
Xへの手紙・私小説論
批評家としての最初の揺るぎない立場を確立した「様々なる意匠」、人生観、現代芸術論などを鋭く捉えた「Xへの手紙」など多彩な一巻。

小林秀雄著
作家の顔
書かれたものの内側に必ず作者の人間があるという信念のもとに、鋭い直感を働かせて到達した作家の秘密、文学者の相貌を伝える。

小林秀雄著
ドストエフスキイの生活
文学界賞受賞
ペトラシェフスキイ事件連座、シベリヤ流謫、恋愛、結婚、賭博——不世出の文豪の魂に迫り、漂泊の人生を的確に捉えた不滅の労作。

小林秀雄著
モオツァルト・無常という事
批評という形式に潜むあらゆる可能性を提示する「モオツァルト」、自らの宿命のかなしい主調音を奏でる連作「無常という事」等14編。

小林秀雄著
本居宣長
日本文学大賞受賞（上・下）
古典作者との対話を通して宣長が究めた人生の意味、人間の道。「本居宣長補記」を併録する著者畢生の大業、待望の文庫版！

小林秀雄
岡潔著
人間の建設
酒の味から、本居宣長、アインシュタイン、ドストエフスキーまで。文系・理系を代表する天才二人が縦横無尽に語った奇跡の対話。

小林秀雄著　**直観を磨くもの**　―小林秀雄対話集―

湯川秀樹、三木清、三好達治、梅原龍三郎……。各界の第一人者十二名と慧眼の士、小林秀雄が熱く火花を散らす比類のない対論。

小林秀雄講義　国民文化研究会 新潮社編　**学生との対話**

小林秀雄が学生相手に行った伝説の講義の一部と質疑応答のすべてを収録。血気盛んな学生たちとの真摯なやりとりが胸を打つ一巻。

柳田国男著　**遠野物語**

日本民俗学のメッカ遠野地方に伝わる民間伝承、異聞怪談を採集整理し、流麗な文体で綴る。著者の愛と情熱あふれる民俗洞察の名著。

内田樹著　**呪いの時代**

巷に溢れる、嫉妬や恨み、焦り……現代日本を覆う「呪詛」を超える叡智とは何か。名著『日本辺境論』に続く、著者渾身の「日本論」！

内田樹著　**日本の身体**

能楽と合気道に深く親しむ思想家が、日本独自の身体運用の達人十二人と、その核心をめぐって語り合う、「気づき」に溢れた対話集。

養老孟司著　**かけがえのないもの**

何事にも評価を求めるのはつまらない。何が起きるか分からないからこそ、人生は面白い。養老先生が一番言いたかったことを一冊に。

養老孟司著

## 養老訓

長生きすればいいってものではない。でも、年の取り甲斐は絶対にある。不機嫌な大人にならないための、笑って過ごす生き方の知恵。

養老孟司著

## 養老孟司特別講義 手入れという思想

手付かずの自然よりも手入れをした里山にこそ豊かな生命は宿る。子育てだって同じこと。名講演を精選し、渾身の日本人論を一冊に。

養老孟司
隈研吾 著

## 日本人はどう住まうべきか?

大震災と津波、原発問題、高齢化と限界集落、地域格差……二十一世紀の日本人を幸せにする住まいのありかたを考える、贅沢対談集。

養老孟司著

## 身体巡礼
―ドイツ・オーストリア・チェコ編―

心臓を別にわけるハプスブルク家の埋葬、骸骨で装飾された納骨堂、旧ゲットーのユダヤ人墓。解剖学者が明かすヨーロッパの死生観。

木田元著

## 反哲学入門

なぜ日本人は哲学に理解しづらいという印象を持つのだろうか。いわゆる西洋哲学を根本から見直す反哲学。その真髄を説いた名著。

南直哉著

## 老師と少年

生きることが尊いのではない。生きることを引き受けるのが尊いのだ――老師と少年の問答で語られる、現代人必読の物語。

南　直哉著
なぜこんなに生きにくいのか
苦しみは避けられない。ならば、生き延びるまで。生き難さから仏門に入った禅僧が提案する、究極の処生術とは。私流仏教のススメ。

塩野七生著
ローマ人の物語　1・2
ローマは一日にして成らず（上・下）
なぜかくも壮大な帝国をローマ人だけが築くことができたのか。一千年にわたる古代ローマ興亡の物語、ついに文庫刊行開始！

塩野七生著
ローマ人の物語　3・4・5
ハンニバル戦記（上・中・下）
ローマとカルタゴが地中海の覇権を賭けて争ったポエニ戦役を、ハンニバルとスキピオという稀代の名将二人の対決を中心に描く。

塩野七生著
ローマ人の物語　6・7
勝者の混迷（上・下）
ローマは地中海の覇者となるも、「内なる敵」を抱え混迷していた。秩序を再建すべく、全力を賭して改革断行に挑んだ男たちの苦闘。

塩野七生著
ローマ人の物語　8・9・10
ユリウス・カエサル
ルビコン以前（上・中・下）
「ローマが生んだ唯一の創造的天才」は、大改革を断行し壮大なる世界帝国の礎を築く。その生い立ちから、〝ルビコンを渡る〟まで。

塩野七生著
ローマ人の物語　11・12・13
ユリウス・カエサル
ルビコン以後（上・中・下）
ルビコンを渡ったカエサルは、わずか五年であらゆる改革を断行。帝国の礎を築き、強大な権力を手にした直後、暗殺の刃に倒れた。

塩野七生著

ローマ人の物語 14・15・16
# パクス・ロマーナ
（上・中・下）

「共和政」を廃止せずに帝政を築き上げる——それは初代皇帝アウグストゥスの「戦い」であった。いよいよローマは帝政期に。

塩野七生著

ローマ人の物語 17・18・19・20
# 悪名高き皇帝たち
（一・二・三・四）

アウグストゥスの後に続いた四皇帝は、同時代の人々から「悪帝」と断罪される。その一人はネロ。後に暴君の代名詞となったが……。

塩野七生著

ローマ人の物語 21・22・23
# 危機と克服
（上・中・下）

一年に三人もの皇帝が次々と倒れ、帝国内の異民族が反乱を起こす——帝政では初の危機、だがそれがローマの底力をも明らかにする。

塩野七生著

ローマ人の物語 24・25・26
# 賢帝の世紀
（上・中・下）

彼らはなぜ「賢帝」たりえたのか——紀元二世紀、ローマに「黄金の世紀」と呼ばれる絶頂期をもたらした、三皇帝の実像に迫る。

塩野七生著

ローマ人の物語 27・28
# すべての道はローマに通ず
（上・下）

街道、橋、水道——ローマ一千年の繁栄を支えた陰の主役、インフラにスポットをあてる。豊富なカラー図版で古代ローマが蘇る！

塩野七生著

ローマ人の物語 29・30・31
# 終わりの始まり
（上・中・下）

空前絶後の帝国の繁栄に翳りが生じたのは、賢帝中の賢帝として名高い哲人皇帝の時代だった——新たな「衰亡史」がここから始まる。

塩野七生著
ローマ人の物語 32・33・34
迷走する帝国
（上・中・下）
皇帝が敵国に捕囚されるという前代未聞の不祥事がローマを襲う――。紀元三世紀、ローマ帝国は「危機の世紀」を迎えた。

塩野七生著
ローマ人の物語 35・36・37
最後の努力
（上・中・下）
ディオクレティアヌス帝は「四頭政」を導入。複数の皇帝による防衛体制を構築するも、帝国はまったく別の形に変容してしまった――。

塩野七生著
ローマ人の物語 38・39・40
キリストの勝利
（上・中・下）
ローマ帝国はついにキリスト教に呑込まれる。帝国繁栄の基礎だった「寛容の精神」は消え、異教を認めぬキリスト教が国教となる――。

塩野七生著
ローマ人の物語 41・42・43
ローマ世界の終焉
（上・中・下）
ローマ帝国は東西に分割され、「永遠の都」は蛮族に蹂躙される。空前絶後の大帝国はいつ、どのように滅亡の時を迎えたのか――。

白洲正子著
日本のたくみ
歴史と伝統に培われ、真に美しいものを目指して打ち込む人々。扇、染織、陶器から現代彫刻まで、様々な日本のたくみを紹介する。

白洲正子著
西行
ねがはくは花の下にて春死なん……平安末期の動乱の世を生きた歌聖・西行。ゆかりの地を訪ねつつ、その謎に満ちた生涯の真実に迫る。

池谷裕二著

# 受験脳の作り方
―脳科学で考える効率的学習法―

脳は、記憶を忘れるようにできている。そのしくみを正しく理解して、受験に克とう！――気鋭の脳研究者が考える、最強学習法。

池谷裕二
糸井重里著

# 海馬
―脳は疲れない―

脳と記憶に関する、目からウロコの集中対談。「物忘れは老化のせいではない」「30歳から頭はよくなる」など、人間賛歌に満ちた一冊。

池谷裕二
中村うさぎ著

# 脳はこんなに悩ましい

脳って実はこんなに××なんです（驚）。第一線の科学者と実存に悩む作家が語り尽くす、知的でちょっとエロティックな脳科学。

池谷裕二著

# 脳には妙なクセがある

楽しいから笑顔になるのではなく、笑顔を作ると楽しくなるのだ！脳の本性を理解し、より楽しく生きるとは何か、を考える脳科学。

ルソー
青柳瑞穂訳

# 孤独な散歩者の夢想

十八世紀以降の文学と哲学に多大な影響を与えたルソーが、自由な想念の世界で、自らの生涯を省みながら綴った10の哲学的な夢想。

ニーチェ
竹山道雄訳

# ツァラトストラかく語りき（上・下）

ついに神は死んだ――ツァラトストラが超人へと高まりゆく内的過程を追いながら、永劫回帰の思想を語った律動感にあふれる名著。

フロイト
高橋義孝
下坂幸三 訳

**精神分析入門**（上・下）

自由連想という画期的方法による精神分析の創始者がウィーン大学で行なった講義の記録。フロイト理論を理解するために絶好の手引き。

呉 茂一 著

**ギリシア神話**（上・下）

時代を通じ文学や美術に多大な影響を与え続けたギリシア神話の世界を、読みやすく書きながら、日本で初めて体系的にまとめた名著。

プラトーン
森 進一 訳

**饗 宴**

酒席の仲間たちが愛の神エロースを讃美する即興演説を行い、肉体的愛から、美のイデアの愛を謳う……。プラトーン対話の最高傑作。

プラトーン
田中美知太郎
池田美恵 訳

**ソークラテースの弁明・クリトーン・パイドーン**

不敬の罪を負って法廷に立つ師の弁明「ソークラテースの弁明」。脱獄の勧めを退けて国法に従う師を描く「クリトーン」など三名著。

ヤスパース
草薙正夫 訳

**哲 学 入 門**

哲学は単なる理論や体系であってはならない。実存哲学の第一人者が多年の思索の結晶と、〈哲学すること〉の意義を平易に説いた名著。

ショーペンハウアー
橋本文夫 訳

**幸福について**
―人生論―

真の幸福とは何か？　幸福とはいずこにあるのか？　ユーモアと諷刺をまじえながら豊富な引用文でわかりやすく人生の意義を説く。

S・シン
青木薫訳
フェルマーの最終定理

数学界最大の超難問はどうやって解かれたのか？　3世紀にわたって苦闘を続けた数学者たちの挫折と栄光、証明に至る感動のドラマ。

S・シン
青木薫訳
暗号解読（上・下）

歴史の背後に秘められた暗号作成者と解読者の攻防とは。『フェルマーの最終定理』の著者が描く暗号の進化史、天才たちのドラマ。

S・シン
青木薫訳
宇宙創成（上・下）

宇宙はどのように始まったのか？　古代から続く最大の謎への挑戦と世紀の発見までを生き生きと描き出す傑作科学ノンフィクション。

S・シン
E・エルンスト
青木薫訳
代替医療解剖

鍼、カイロ、ホメオパシー等に医学的効果はあるのか？　二〇〇〇年代以降、科学的検証が進む代替医療の真実をドラマチックに描く。

ルナール
岸田国士訳
博物誌

澄みきった大気のなかで味わう大自然との交感――真実を探究しようとする鋭い眼差と、動植物への深い愛情から生み出された65編。

D・ボダニス
吉田三知世訳
電気革命
―モールス、ファラデー、チューリング―

電信から脳科学まで、電気をめぐる研究と実用化の歴史は劇的すぎる数多の人間ドラマの集積だった！　愛と信仰と野心の科学近代史。

M・クマール
青木薫訳
量子革命
―アインシュタインとボーア、偉大なる頭脳の激突―
現代の科学技術を支える量子論はニュートン以来の古典的世界像をどう一変させたのか？量子の謎に挑んだ天才物理学者たちの百年史。

L・アドキンズ
R・アドキンズ
木原武一訳
ロゼッタストーン解読
失われた古代文字はいかにして解読されたのか？ 若き天才シャンポリオンが熾烈な競争と強力なライバルに挑む。興奮の歴史ドラマ。

D・オシア
糸川洋訳
ポアンカレ予想
「宇宙の形はほぼ球体」!? 百年の難問ポアンカレ予想を解いた天才の閃きを、数学の歴史ドラマで読み解ける入門書、待望の文庫化。

T・トウェイツ
村井理子訳
ゼロからトースターを作ってみた結果
トースターくらいなら原材料から自分で作れるんじゃね？ と思いたった著者の、汗と笑いの9ヶ月！（結末は真面目な文明論です）

T・トウェイツ
村井理子訳
人間をお休みしてヤギになってみた結果
よい子は真似しちゃダメぜったい！ イグノーベル賞を受賞した馬鹿野郎が体を張って実験した爆笑サイエンス・ドキュメント！

J・B・テイラー
竹内薫訳
奇跡の脳
―脳科学者の脳が壊れたとき―
ハーバードで脳科学研究を行っていた女性科学者を襲った脳卒中――8年を経て「再生」を遂げた著者が贈る驚異と感動のメッセージ。

M・デュ・ソートイ
冨永星訳

**素数の音楽**

神秘的で謎めいた存在であり続ける素数。世紀を越えた難問「リーマン予想」に挑んだ天才数学者たちを描く傑作ノンフィクション。

M・デュ・ソートイ
冨永星訳

**シンメトリーの地図帳**

古代から続く対称性探求の果てに発見された巨大結晶「モンスター」。『素数の音楽』の著者と旅する、美しくも奇妙な数学の世界。

M・デュ・ソートイ
冨永星訳

**数字の国のミステリー**

素数ゼミが17年に一度しか孵化しない理由から、世界一まるいサッカーボールを作る方法まで。現役の数学者がおくる最高のレッスン。

R・ウィルソン
茂木健一郎訳

**四色問題**

四色あればどんな地図でも塗り分けられるか？ 天才達の苦悩のドラマを通じ、世紀の難問の解決までを描く数学ノンフィクション。

G・G・スピーロ
青木薫訳

**ケプラー予想**
―四百年の難問が解けるまで―

解決まで実に四百年。「フェルマーの最終定理」と並ぶ超難問を巡る有名数学者達の苦闘を描いた、感動の科学ノンフィクション。

B・ブライソン
楡井浩一訳

**人類が知っていることすべての短い歴史**（上・下）

科学は退屈じゃない！ 科学が大の苦手だったユーモア・コラムニストが徹底して調べて書いた極上サイエンス・エンターテイメント。

# 数学する身体

新潮文庫　も－42－1

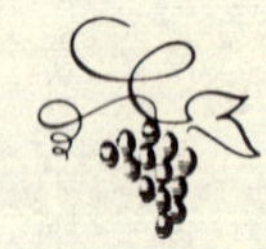

平成三十年五月一日発行

著者　森田真生

発行者　佐藤隆信

発行所　株式会社新潮社

郵便番号　一六二－八七一一
東京都新宿区矢来町七一
電話 編集部(〇三)三二六六－五四四〇
読者係(〇三)三二六六－五一一一
http://www.shinchosha.co.jp

価格はカバーに表示してあります。

乱丁・落丁本は、ご面倒ですが小社読者係宛ご送付ください。送料小社負担にてお取替えいたします。

印刷・大日本印刷株式会社　製本・株式会社大進堂

© Masao Morita 2015　Printed in Japan

ISBN978-4-10-121366-8　C0195